东方建筑遗产

保国寺古建筑博物馆

· 2015年卷 ·

文物出版社

图书在版编目（CIP）数据

东方建筑遗产·2015年卷/保国寺古建筑博物馆编.
－北京：文物出版社，2016.6
　ISBN 978－7－5010－4611－9

Ⅰ.①东…　Ⅱ.①保…　Ⅲ.　①建筑－文化遗产－保护－
东方国家－文集 Ⅳ.①TU－87

中国版本图书馆CIP数据核字（2016）第129883号

东方建筑遗产·2015年卷

编　　著：保国寺古建筑博物馆

责任编辑：智　朴
责任印制：张　丽

出版发行：文物出版社出版发行
社　　址：北京市东直门内北小街2号楼
邮　　编：100007
网　　址：http://www.wenwu.com
邮　　箱：E-mail:web@wenwu.com
经　　销：新华书店
制　　版：北京文博利奥印刷有限公司
印　　刷：文物出版社印刷厂
开　　本：787mm×1092mm　1/16
印　　张：10.25
版　　次：2016年6月第1版
印　　次：2016年6月第1次印刷
书　　号：ISBN 978－7－5010－4611－9
定　　价：120.00元

《东方建筑遗产》

主　　管：宁波市文化广电新闻出版局

主　　办：宁波市保国寺古建筑博物馆

学术后援：清华大学建筑学院

学术顾问：郭黛姮　王贵祥　张十庆　杨新平

编辑委员会

主　　任：赵惠峰

副 主 任：韩小寅

策　　划：徐建成

主　　编：徐学敏

编　　委：(按姓氏笔画排列)

　　　　　徐微明　符映红（执行）　范　励

　　　　　曾　楠　林云柯

◆目　录◆

建筑文化

壹

【浙东古建筑装饰风格的历史文化解读】[一]

梁　伟·宁波大红鹰学院艺术与传媒学院

范　励·宁波市保国寺古建筑博物馆

摘　要：本文探寻了浙东古建筑造型与装饰特点，从浙东的地理位置界定、浙东学派的影响以及古建筑装饰风格形成原因等多个角度，深入挖掘浙东古建筑装饰的历史文化内涵。浙东古建筑装饰风格具有浙东学派、民俗观念以及宗教文化的地域特征，反映出浙东古建筑装饰中审美与实用、人文儒学与美学有机结合的特点。

关键词：浙东地区　古建筑　历史文化

目前，浙东地区[二]古建筑大多始建于明清以前，古建筑有许多种类型，包括寺庙、民居、书院、祠堂、会馆、戏台等，有敬神、遮蔽容身、娱乐文化等各种空间功能。现存古建筑绝大多数都是清朝、民国时期重建，如宁海县黄坛镇古建筑群，始建于清朝，距今约200年历史，系东汉隐士严子陵后裔的住宅；范钦创建的天一阁藏书楼，始建于明嘉靖四十年（1561年）；庆安会馆建于清道光三十年（1850年）；保国寺大殿重建于北宋时期[三]，清康熙二十三年（1684年）修建；前童古镇建于南宋绍定六年（1233年）；天童寺建于西晋永康元年（300年）等等。浙东先民们营造古建时，发挥自己的聪明才智，充分考虑了当地的气候条件、地理环境、民俗文化等诸多因素。浙东古建筑装饰风格别具一格、类型多样、源远流长，经历各个朝代不同的文化洗礼。作为一种特殊文化记忆的古建筑装饰，其人文精神内涵与价值在城市发展进程中不容忽视。本文拟对浙东古建筑装饰的历史文化内涵与价值做出初步的梳理。

一　浙东古建筑装饰的历史文化内涵

浙东地区的古民居建筑一般采用院落式，由建筑物或围墙包围成一个或几个天井，天井多是东西方向长、南北方向短的长方形院落，这种结构有利于采光通风，加强穿堂风的作用，符合浙东地区天气炎热潮湿的气

3

[一]　本论文属 2012 年浙江省社科联年度课题《浙东古建筑装饰图案艺术研究》（编号：2012N001）；2012 年宁波大红鹰学院高级别预研课题《浙东古建筑装饰图案艺术研究》（编号：GY122903）；2013 年度浙江省本科院校中青年学科带头人学术攀登项目《浙东古建筑装饰艺术的历史传承研究》（编号：pd2013441）；2014 宁波市哲学社会科学学科带头人培育项目《浙东古建筑装饰艺术的文化传承研究》（编号：G15-XK20）。

[二]　浙东地区广义上的地理位置指甬台温地区，狭义上仅包括宁波和舟山。本文在叙述时取狭义。

[三]　保国寺大殿重建于北宋大中祥符六年（1013年），是长江以南保存最完整、历史最悠久的木结构建筑。

图1　前童古镇马头墙"鱼化龙"造型

候特征。因浙东地区人口稠密，用地紧凑，建筑间距较近，且多为楼房，为达到防火和美观之需，封火墙应运而生。封火墙一般位于山墙，呈渐进阶梯形，封火墙因造型似马头，高出屋顶，并有各种优美的造型线条，又称作"马头墙"。清代以来，浙东民居山墙出现马头墙、观音兜等墙体装饰。马头墙起源于徽州古建筑，之后传播至浙东地区，比较常见的造型为高低错落，墙头从中间起呈缓慢起翘状，墙头顶端相对宽厚、朴素，颇具乡村民居特色。如前童古镇的民居马头墙呈对称状，以堆塑的"鱼化龙"造型装饰墙尖（图1），层层跌落的屋面坡度，以斜坡长度分为若干档，家族等级越高，层次也就越多。其建筑装饰格调突出儒家思想，追求功名的体现。

浙东地区的祠堂主要用来供奉和祭祀祖先，强调道德观念、儒家仁孝、科举功名、人丁兴旺等思想。如清晚期的建筑李氏宗祠[一]，是纪念浙东学派著名学者李杲堂之所。李氏宗祠为院落式布局，规整的装饰风格与建筑格局，结合娴熟的施工工艺，简练又不失庄严。庆安会馆天后宫的门楣以十四幅精致的民间人物故事砖雕装饰，结合石雕的勒脚、复杂的立体雕刻，呈现出精细工整的砖墙；上方镶嵌着砖雕圣旨型竖状匾额，周边饰双龙戏珠图案，中间浮雕文字"天后宫"（图2）。匾额两侧都是"砖雕八仙""渔樵耕读"等人物故事[二]。带有情节内容的多样化形式表现，直接表达出建筑的主题理念。处于农耕社会自然经济条件之下的浙东先民们，取其生活中手持捕鱼网、牵牛耕种、手捧书本等场景，与当地的山水、动植物组成的木雕、石雕等，成为古建

图2　天后宫宫门砖雕

筑中常用的装饰图案，表现的内容与装饰意义更为直接和自然。

浙东私人藏书家不仅在保存、传播古籍及护藏家乡文献中做作出了贡献，而且为编纂大型丛书及各类史书提供了珍贵的历史文献资料，对浙东学派的形成起到重要作用。其中唯有浙东的藏书名楼宁波范氏之天一阁为"楼下读书，楼上藏书，楼前山池"的园林式院落建筑格局，满足了楼上藏书，楼下会客的要求，深得藏书家的喜爱，成为后世的藏书楼广为采用的格局[三]。黄宗羲等人正是利用天一阁等藏书楼的藏书，开阔视野，增长学识，从而成为浙东学派的代表人物。

从民居、祠堂、会馆、书院等建筑的装饰风格来看，我们可以得出以下几点启示：1. 早在明清时期，浙东建筑风格上就体现出经世致用的传统文化，商品经济社会的发展与要求，一直深刻影响着浙东地区人们的人文精神与传统儒学。反映在古建筑装饰上的演变以及建筑理念，与浙东学派的内敛、积极向上的追求一脉相承。2. 浙东古建筑细部构件以木雕装饰技法最为突出，其中木雕装饰大件之牛腿更是随处可见，其造型和装饰相统一，与挑梁、瓜柱等形成一个完整的支架造型体系。而且浙东地区的牛腿大多不施油漆，素面显示出其木质的纹理美、质感美、雕工美，呈现出浙东学派儒家文人思想体现在古建筑的精致之美和鲜明的个性。3. 慈城孔庙

[一] 李氏宗祠位于宁波市海曙区云石街27号，现为宁波市级文物保护单位。

[二] 资料记载于光绪《鄞县志·坛庙》。

[三] "藏书之富，南楼北史"（全祖望《湖语》），南宋楼钥的"丛古人群书其上，而累奇石于前"（袁燮撰《楼公行状》），骆兆平：《书城琐记》，上海古籍出版社，2000年版。

始建于北宋雍熙元年（984年）[一]，历代累有兴毁，现存的孔庙仍保持清代光绪年间原貌。建筑布局完整，气势宏大。中轴线上由南向北分别为棂星门、泮池、大成门、大成殿、明伦堂、梯云亭；两侧的左右轴线上也对称地建有祠、阁，体现出儒家"中和为美"的审美标准。反映了儒家文化在浙东人们生活中的重要性和深远的影响。4. 会馆建筑是商品经济流通的产物，宁波作为"海上丝绸之路"的起点，发达的水运贸易经济形势，海洋文化结合浙东学派独特思想的影响，形成"农商皆本"的主流思想，这种思想同时在浙东古建筑装饰风格的历史演变中得以体现。

由此可见，浙东古建筑装饰是大量浙东学派的文化理念及开放的海洋文化的凝聚，并保留有每个历史时期的文化内涵。古建筑装饰的雕刻、色彩、纹饰的组合、排列、应用等，都呈现出浙东人们的意识形态、价值观念和信仰，也是我们了解学习浙东古建筑装饰的浙东学派文化内涵至关重要的信息。

二 浙东古建筑装饰的民俗文化内涵

在明清时期，戏台建筑为浙东地区鼎盛建筑艺术的代表，以宗祠戏台、庙宇戏台为主。现存保留较好的有宁海县西店崇兴庙、梅林胡氏宗祠和樟树孙氏宗祠里的三座三连贯藻井古戏台（图3），此类型藻井具有极高规格，似乎是对封建制度的一种挑战，说明浙东人刚强不屈的民风。而且建筑构造之华丽，雕刻工作之细致，彩绘图案装饰风格独特，戏台顶部密集型斗栱组成的藻井与两端弧形曲线的屋面、微微翘起的檐角，形成交错的立体效果。不仅反映在戏台外观造型的雄壮之美，而且也显现出其声学原理，藻井可以产生余音绕梁的立体声响，回味无穷。且宁波作为甬剧的故乡、越剧的第二故乡，一年当中"四时八节"的各类演出、祭祀盛典等活动，演绎着民间故事和神话传说，"历史是根，文化是魂"

图3　宁海县西店崇兴庙古戏台三连贯藻井

图4　保国寺大殿藻井

[一]《慈溪县志》，雍正八年重修。

[二] 万卷楼主人丰坊，明鄞县（今宁波）进士。丰氏家有万卷楼，藏书数万卷。

的精神深深地影响着浙东人。

保国寺大殿柱头铺的绘画风格和颜色，与隐蔽斗栱部分是一致的。在天花板上绘有水波纹图案，色彩以蓝绿冷色调为主，与火的色相相克。庆安会馆的双戏台内有藻井和避火龙珠。藻井是建筑中的天花板，规格较高。据东汉时应邵撰《风俗通义》记载："今殿作天井。井者，东井之象也。藻，水中之物，皆取以压火灾也。"这里的天井，即藻井（图4）。藻井的寓意就是压火，在中国五行中"水克火"之说。再加上屋脊上的避火龙珠，为古建筑的木结构添加了保险层。水波纹装饰纹样在天一阁藏书楼阁栅、建筑檐椽上也清晰可见，充分体现出主人对藏书楼免于火患的愿望寄托。其他还有将悬鱼、荷花、水草等水生动植物作为装饰图案，都是以水克火的寓意。因为藏书楼最怕火，范钦曾目睹朋友的万卷楼[二]惨遭火灾，收藏的书籍灰飞烟灭。范钦对自己的藏书楼倍加小心，并将藏书楼命名为"天一阁"，源自《尚书大传·五行传》："天一生水"，取以水克火之意。

浙东古建筑装饰有许多利用谐音的民俗寓意，例如鱼形象在建筑装饰中的应用。浙东地区属于沿海一带，浙东先人们崇尚海洋文化，生活、饮食、起居都与海洋捕捞等紧密联系着，从古建筑的山墙悬鱼到橱门上的拉手，都装饰以鱼，而且多为两条鱼，取"双鱼吉庆"的寓意。"鱼"同"裕"谐音，寓意生活富裕，年年有余。例如前童古镇明经堂建于清道光年间（1821～1850年），屋脊中间装饰以堆塑的"太极双鱼"造型（图5），装

图5 前童古镇明经堂屋脊装饰"太极双鱼"

饰风格生动简练。浙东民居古建筑中受到民俗中的风水观念影响，大多数民居建筑呈方正规则的院落布局，风水的趋吉避凶处理手法主要表现在迎合、避让、符镇等方面，在门、窗、柱等上雕刻有朱雀、玄武、青龙、白虎四神等装饰手法，有镇宅四方之寓意。

浙东古建筑装饰的内容、题材、表现形式、框架结构等多受当地民间习俗传说等影响，反映祝福吉庆之意。"图必有意，意必吉祥"，吉祥成为浙东民居建筑装饰重要主题，通常以"假物喻事""借音阐义"手法营造吉兆祥和的寓意。例如"满堂富贵""子孙万代"等，都是代表建筑主人的愿望，对未来人生美好期盼以及对生命的重视，这也是在宗法和血缘基础上建立起来的，以儒家文化为主的文化精神特质。浙东古建筑将其多元的表现手法与民间工艺结合，体现出民间信仰内在精神需求一致性的融合，且与浙东民俗文化有机结合，融会贯通。

三 浙东古建筑装饰的佛教文化内涵

佛教文化自东汉传入浙东地区，至今已近2000年历史，其发展历程源远流长。唐宋以来，浙东地区经济繁荣，文化昌盛，海上交通发达，且山川秀美，引得历代高僧大德驻足。使浙江地区古刹林立，自古有"东南佛国"之称。在普陀山上，著名的寺庙有普济寺、法雨寺和慧济寺三座，还有禅院六十余座。宁波市区中建于西晋太康三年（282年）的天童寺、建于唐大中十二年（858年）的七塔寺、始建于东汉时期的保国寺等佛教寺院

在历史上久负盛名，其影响力传至印度、日本、韩国、南洋等地。佛教文化对浙东地区的建筑装饰风格的形成和变化产生了直接或间接的影响。随着浙东佛教的发展，寺院古建筑不断修筑，依然保持四合院式格局的群组，既满足佛事要求，又表现出各自的思想内涵。

浙东地区的佛教建筑大部分属于木结构建筑，以砖石为辅助建筑构造。历经秦汉明清，木结构建筑及木雕饰一直是浙东佛寺的主要装饰。到南宋时，抱鼓石已成为单独装饰构件。直至明清，天童寺、阿育王寺的天王殿仍用宋式抱鼓石。浙东佛教建筑中的石刻大多兼有实用和装饰价值，弥补了木质装饰部件不易防腐防潮。雕饰精美的各式石柱础多装饰有莲花和动物图案造型，雕刻技法从单层浅雕到多层的立体雕、透雕，惟妙惟肖且千变万化，直到现在许多寺院建筑和其他类型古建筑中均有遗存。

浙东的民居、祠堂、寺庙、戏台等古建筑，其装饰图案常用题材有花卉、器物、符文等。将花卉图案抽象化、简洁化，配合枝叶，使纹样呈不同的形状应用于建筑装饰。器物的装饰来源为佛教法器、文人爱好雅赏和贵重饰品等纹样。符文在佛教几何纹样中被大量使用。常见佛教图案种类有："卍"字纹、莲花、八宝、狮、忍冬及宝珠等。其中莲花是佛教的象征，莲花出淤泥而不染，超凡世俗的境界，又是"八吉祥"的重要组成部分；方胜盘长，即取其"回环往复，无有始终"，由此生出"恒长永久、延绵不断"之意，十分恰当地反映出浙东人们的人生观

和世界观，多应用于木雕或石雕的门窗上。另外，从浙东古建筑佛教装饰图案较多的忍冬纹（也叫卷草纹）来看，它的典型式样是三瓣或者四瓣连在一起，附在波浪形的长梗上，向左右方向延展，左旋右转地组成长条的边饰，形体可变性强。在古建筑装饰构件的牛腿中应用卷草纹的很多，可以直接用卷草的粗梗上下翻卷三角形组成牛腿的式样，但多数在粗梗上加添花叶，使其形体更加丰满，甚至把粗梗之端雕成龙头而成为草龙形的牛腿。佛教题材用来增添古建筑装饰的美感，同时滋润精神，让心灵得到舒展；借用装饰风格来彰显屋主人的社会地位，或达到驱瘟辟邪、祈福佑安的功能，也能起到教化子孙后代的作用。

浙东古建筑装饰因佛教文化而显得空灵隽永，这一地域文化与佛教文化的完美结合成为古建筑装饰风格内涵的诠释，历代工匠在种种制约与有限的条件下依然能造出富有创意的建筑装饰，使浙东地区装饰风格饶富趣味。

9

四　结　语

笔者对古建筑装饰的浙东区域特征做了初步、简略的考察分析，试图从历史文化的视角对古建筑的造型与装饰特点认识寻求一种文化定位。通过对浙东古建筑装饰的历史文化探究，有助于我们了解浙东古建筑装饰风格特征及其内涵，从而引发我们对浙东学派、民俗文化、宗教文化历史的认识与思考。浙东地区古建筑的装饰风格和当地的建筑材料、人文、民俗、宗教等因素有关，古建筑上的装饰正代表了浙东的艺术语言符号和美学价值，凝聚着浙东人们的情感和智慧，反映着他们的性格和发展历程，给人们的存在赋予意义。在不同的历史时空里，其历史文化都包含着独特的意义，与浙东人们生活息息相关，既包含物质文化，也具有丰富的精神文化内涵。

参考文献：
[一] 王玉靖：《浙东宁波地区传统民居的建筑风格》，《城乡建设》2006 年第 4 期，第 67 页。
[二] 董贻安：《宁波海上丝绸之路与申报世界文化遗产——宁波史文化二十六讲》，宁波出版社，2004 年版，第 73 页。

[三] 尼跃红：《建筑装饰的意义》，《装饰》2001年第4期，第17～18页。

[四] 徐培良、应可军：《宁海古戏台》，《东方博物》2009年第6期，第117～118页。

[五] 杨洪瑞：《中国古建筑防火技术》，《中国人民武装警察部队学院学报》2002年第12期，第13页。

[六] 林士民：《天一阁建筑之探索》，《天一阁论丛》1996年第11期，第174页。

[七] 宁波市佛教协会：《宁波佛教志》2007年第5期，第28页。

[八] 楼庆西：《中国古代建筑装饰五书之——装饰之道》，清华大学出版社，2011年第4期，第76页。

【浅析宁波二灵塔的建造艺术及价值内涵】

杨晓维·宁波市文物保护管理所

摘　要：二灵塔位于宁波东钱湖，建于北宋，为四面七级方形楼阁式石塔，整座塔用石条、石块叠造凿刻而成，具有楼阁式古塔的典型造型，保存基本完好。二灵塔具有供奉佛像、风水祈福、美化风景等文化内涵，浓缩了建筑技术、雕刻艺术、佛教理想、历史人文、社会经济等诸多元素，是当地文化遗产的重要组成部分，见证了宁波佛教文化流传和石构建筑发展的历史变迁，有很高的历史、艺术和科学价值。

关键词：北宋　石塔　建造艺术　文化内涵　历史价值

二灵塔位于宁波东钱湖二灵山，建于北宋，历经九百多个春秋，至今保存基本完好。二灵塔作为北宋时期的方形石塔，具有很高的历史、艺术和科学价值，而目前对其研究仍属空白。笔者试图从保护现状、建筑艺术的角度进行剖析展示，以探究其文化内涵及历史价值。

一　二灵塔的现状描述

二灵塔位于浙江省宁波市鄞州区东钱湖镇，东经121°37′548″～121°42′981″，北纬29°44′841″～29°46′280″，海拔高程25米，是兀立在鄞州东钱湖东南面北湖二灵山上的一座方形石塔（图1）。该塔为正方形楼阁式石塔，四面七层，塔身中空，建于北宋政和年间（1111～1118年），迄今已有九百余年历史。作为北宋石塔的代表，在全省乃至全国范围内属罕见，具有较高文物价值。1982年6月，鄞县人民政府公布二灵塔为县级文物保护单位。1997年8月，浙江省人民政府公布该塔为第四批省级文物保护单位。2013年，中华人民共和国国务院核定并公布该塔为第七批全国重点文物保护单位。

二灵塔虽修建年代久远，除顶部西北二角略有塌落外，其余基本保存完好。经1986年落架大修后，二灵塔塔基稳固，旧观恢复，塔身基本无倾斜，

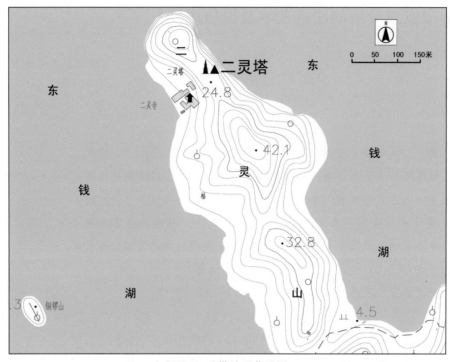

图1　二灵塔地理位置图

砌石保存完整。全塔总高9.98米，四面七层，为正方形楼阁式石塔。整座塔由厚实的花岗石堆砌而成，无明显地宫，塔内为空筒式，不能登临。塔身每层腰檐出角明显，檐角弧形、翘棱及尖端圆孔皆保存完整，尖端圆孔原悬挂风铃已失。塔身四壁经年风雨侵蚀，局部风化，浮雕佛像仍明显可见。佛像造型庄重，金刚威武肃穆，连同线刻的武士像，均保存完整。在塔之底层东壁仍可见有"政和□年"的纪年字样（图2、3）。

二　二灵塔的建造艺术

二灵塔属于仿木楼阁式石塔，整座塔用石条、石块叠造凿刻而成。二灵塔平面为四

图2　二灵塔近景图（侧面）

图3　二灵塔近景图（正面）

方形（图4），具有基台、基座、腰檐等楼阁式古塔的典型造型。塔内中空，虽不能登临，却仍有门窗造型设置。

1. 塔基

塔基是整个塔的下部基础，分基台与基座两部分。

基台就是早期塔下比较低矮的塔基。二灵塔基台就山势而筑，为方形石台，平台条石铺地，左右两侧各有一条石凳，无其他装饰。整个基台高0.45、长7.50、宽6.50米，下铺2级石阶。

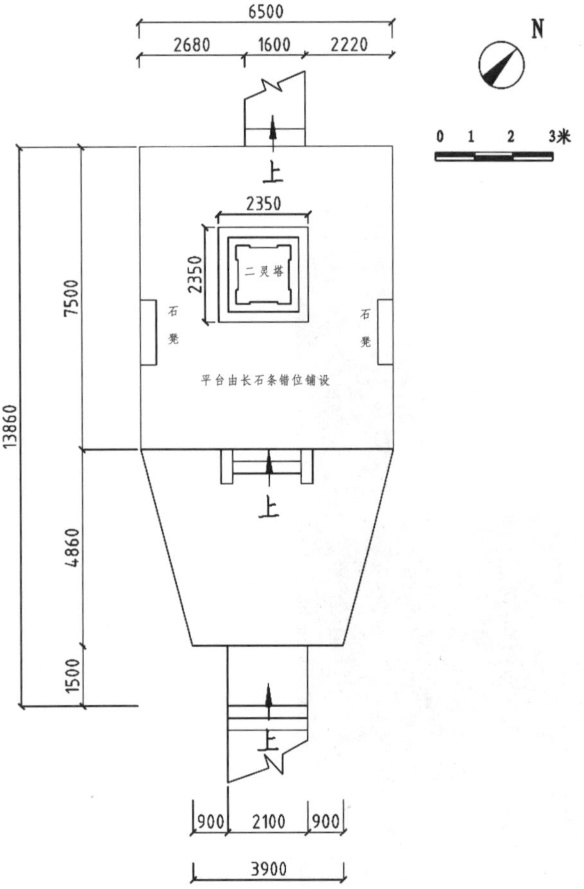

图4 二灵塔平面图

图5 二灵塔须弥座（背面）

图6 二灵塔须弥座（正面）

基台上增加了一部分专门承托塔身的石座，称为基座（亦称须弥座），在建筑艺术效果上，它使塔身更为鲜明突出。须弥座由大小不一的石块垒筑而成，平面基本呈正方形，基座北面（背面）有方形小门（图5），在塔底层东壁仍可见有"政和□年"的纪年字样。四周边壁高低略不相同，通高约1.78米，最宽边长2.47米，自上而下依次为上枋、上枭、束腰、下枭、下枋，直接坐落在砌体之上，无土衬。圭角四周壁面上成对称结构刻有素线云卷，束腰上雕刻莲花图案（图6）。

2.塔身

二灵塔塔身共7层，总高7.40米。第一层高1.22米，以上各层略有递减，二层为1.14米，三层1.10米，四层1.06米，五层1.00米，六层0.98米，七层0.90米。塔身每层有腰檐，檐边长度2.35米，均檐角弧形、翘棱，饰素线云卷，尖端均有圆孔，为悬挂风铃之用。塔身内部空心，无法登临。

塔身四壁有浮雕佛像，共有佛像39尊，金刚像3尊。佛像神情安详，造型厚重，金刚像威武肃穆，形象生动，雕刻具有粗疏豪放，棱角分明的艺术风格。所有浮雕佛像，均保存完整，略有风化。各层佛像布局如下（图7）。

第一层檐：南壁（正面）中间为三个券龛，龛内有浮雕佛像，佛像两侧的长方形条石上各刻有武士线条像，武士像上还分别刻有"祝延圣寿"和"保国安民"正楷字句。其余三面券龛内为手执不同兵器、衣穿盔甲的浮雕金刚像（图8、9）。

第二层檐：四壁素面无雕像，各边中间均开有四方小窗。

第三层檐：四壁各刻一券龛，龛内有佛像，佛像下面开有小窗。

第四、五、六层檐：四壁每窗均刻三券龛，内雕佛像，三佛像下面开有小窗。

第七层檐：四壁无佛像，各面中间开有小圆窗。

3. 塔刹

塔刹俗称塔顶，就是安设在塔身上的顶子，是整个古塔位置最高的组成部分。二灵塔塔刹呈方柱形，高1.54米，造型简单古朴。刹座直接覆压在塔顶上，由石板砌合成素平台座。刹身与刹顶直接融为一体，由细石条砌合成四角攒方锥形，上端略尖（图10）。

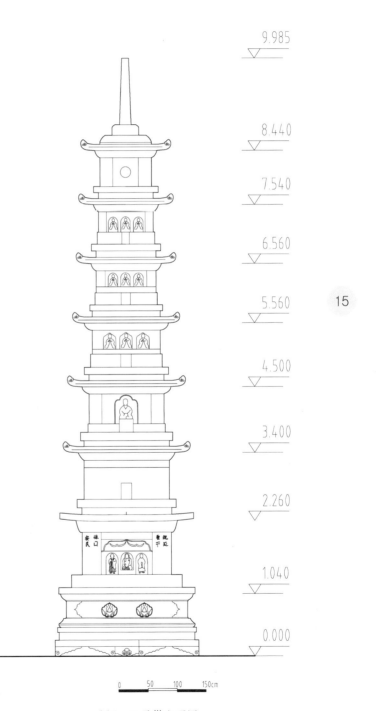

9.985

8.440

7.540

6.560

5.560

4.500

3.400

2.260

1.040

0.000

0 50 100 150cm

图7　二灵塔立面图

15

图8 二灵塔一层"保国安民"字样及线刻武士像　　　图9 二灵塔一层"祝延圣寿"字样及线刻武士像

图10 二灵塔塔刹

4.地宫

二灵塔曾于2013年10月遭到盗掘。后经专家小组对事发现场的勘查分析，从盗掘使用工具和挖掘出来的土石来看，质地较硬，应属于和塔下山体相同的砂岩，不像是造塔时建造地宫回填的熟土。而且洞内四周及底部未发现建造地宫使用的石板结构及相关材料，并且也未见有石砌痕迹。由此，基本可判定二灵塔没有地宫。

三　二灵塔的文化内涵

古塔原本是埋藏佛舍利的建筑，后来又发展为埋藏高僧的遗骸，或者供奉佛像。在将近两千年的历史岁月中，随着我国古塔建筑的发展，古塔的功能也在发生变化。通过对二灵塔建造艺术的剖析，以及对相关文献资料的查证，我们发现二灵塔具有供奉佛像、风水祈福、美化风景等文化内涵。

图11　二灵塔第一层塔身佛像

1.供奉佛像

作为佛教建筑物，塔与寺的关系密不可分，早期的寺院更是以塔为主。二灵塔首先必然是佛塔，塔身四壁有浮雕佛像，共有浮雕佛像39尊，金刚像3尊。佛像神情安详，浮雕金刚像威武肃穆（图11、12）。而关于二灵塔的史料也都记载于地方志寺观考或宗教篇关于二灵寺的介绍之中。"二灵寺：寺以山得名，宋初，诏国师建塔山上。"[一]"二灵寺：钱文穆王命诏国师建石塔七层。"[二]据史料记载，曾先后有北宋知禾禅师、元都寺允恭、古鼎禅师、明天渊禅师等高僧居于此处。并自明永乐间并于天童，属天童寺辖寺[三]。如今，二灵山房早已圮毁，二灵寺系近年重建，而曾与之鼎足而立的二灵塔，至今依然傲立在二灵山颠，延承佛教香火。

2.风水祈福

风水祈福是佛教思想世俗化的产物。由于佛教本身有保国安民、降妖除魔的寓意，古人建塔，除了作为宗教文化标志外，还具有祈福求安的文化内涵。因此，塔作为佛教建筑，常

[一] 赵传保、赵家苏修：《鄞县通志·政教志·壬编上宗教篇》（民国版）。

[二] 王荣商：《东钱湖志·卷二·寺观》，1916年。仇др华：《新编东钱湖志》，宁波出版社，2014年版。

[三] 清·徐兆昺：《四明谈助·卷四十·东四明护脉》，宁波出版社，2000年版。

图12　二灵塔第一层塔身浮雕金刚像

壹·建筑文化

常被用作风水祈福之功能，甚至还作为改良风水的独特建筑。风水塔，一般修在水口或山上，主要是为了补全风水上的缺陷，或是镇守一方水土、驱散邪气等。二灵塔所处的二灵山又名蛇山，为东钱湖下水港口突出于湖面的蛇形半岛，东北面遥对虾蚣岭。民间传说："古时每当阴霾浓雾之际，两山会合，蛇山上的一条大蟒游荡其间，吞云吐雾，危害渔民。有一得道高僧，察气度形，知有妖蟒作祟，遂在蛇山的蛇颈上建塔以镇之。从此，蟒蛇蛰伏不动。"[一]虽然这仅是神话传说，但从风水上看，二灵塔的建造位置很有讲究。二灵塔建于二灵山上，"二灵山，谓山灵水灵。"[二]元代文人戴良在《二灵山房记》中写道："东湖之名山水不可一二数，而二灵为最奇。"[三]二灵山地处东钱湖下水港口，与虾蚣岭对峙，双峰夹港，状若双龙戏水，险如雄蜂夹道，山水环抱，实乃风水宝地。在风水理论中一直都有一种"龙首当镇"的要求。龙本是中国传说中的神话动物，而风水中常将连绵的山体比附成龙脉。龙脉有龙身和龙首，而镇龙首的目的不外乎两种：一种是为了不让恶龙为祸人间，起镇妖的目的；而另一种则是为了固定龙脉，不使其转移，以利地方风水[四]。二灵塔正好建于"蛇山"头部七寸之处，起到了锁水镇山的作用。而二灵塔上刻有"祝延圣寿，保国安民"吉祥祈福语句，正揭示了其祈祷保佑当地人民幸福生活的重要意味。

3. 美化风景

我国古代建筑的选址建造历来重视艺术审美，许多古塔已成为风景名胜内不可缺少的部分。自古以来，美化风景就作为我国古塔的一项重要功能。我国的古塔，不仅点缀了祖国的大好河山，而且许多造型优美的古塔，还成为地标性建筑。二灵塔虽为佛塔，但已染上了文风塔的浓厚色彩，具有点缀风景、标志城市的作用。"宋宣和间，正言陈秀实舍山以建，号'金襕'，……旧为甲乙院。"[五]北宋耿臣陈禾筑二灵山房读书与此。后又拓建二灵禅院。昔时，二灵塔与二灵山房、二灵寺被誉为"二灵三绝"。二灵山不仅因山灵、水灵而得名，更因房、因寺、因塔而扬名于世。历代多少文人墨客为之留下赞美诗句："二灵山水夕阳天，好向晴湖放画船。……僧房半架留花影，梵塔几层锁树烟。"（清·忻鉴）"湖东山作卧龙

图13　二灵塔周边风景图

形，看到山灵水亦灵，浪里孤鸿略塔影，林间二虎侍禅扃。"（清·忻涵清）东钱湖自古以来有十大风景，二灵山的"二灵夕照"乃其中一景（图13）。"宋塔俯临清波，每当夕阳西薄，湖面塔影横斜，为二灵最美之时。"[六]二灵塔矗立山巅，俯望水面，水亦清碧，山亦多姿。每当夕阳西下，余晖斜照，塔影倒映，蔚成奇观。二灵塔以其独特的文化内涵，显示出存在的价值和迷人的风采。

四　二灵塔的历史价值

塔是佛教的纪念性建筑，起源于古印度，东汉时期随着佛教传入我国，并与中国原有的建筑形式与文化传统相互融合，形成了具有强烈中国特色的高层建筑。塔是历史的见证者，具有建筑、艺术、审美、文化以及考古等诸多方面的价值[七]。二灵塔浓缩了建筑技术、雕刻艺术、佛教理想、历史人文、社会经济等诸多元素，是当地文化遗产的重要组成部分，见证了宁波佛教文化流传和石构建筑发展的历史变迁。

　　1. 见证佛教文化流传

　·东汉末年，佛教传入中国以后，古代建筑工匠在原有的高层建筑的基础上吸收了印度墓塔的宗教内涵，创造出具有中国自己风格的宗教建筑——塔[八]。宁波素有东南佛国之称。宁波佛教文化历史悠久，内涵丰富。作为一种外来文化，佛教在东汉时期传入宁波。其后，经过魏晋南北朝隋唐时期的发展，至宋元时期，宁波佛教进入鼎盛期，成为浙东地区佛教中心地之一[九]。在宁波境内，古寺名刹星罗棋布，蔚为壮观。古塔作为佛教建筑物，见证着佛教在宁波的传入、发展及繁荣。然现存古塔数量却不多，根据全国第三次文物普查统计数据显示，宁波全市现存古塔不到30处，宋以前建造仅存天宁寺塔、阿育王寺上塔、二灵塔、洞山寺石塔4处。二灵塔作为宁波乃至整个浙江地区留存甚少、保存较好的北宋时期方形石塔的代表，对研究佛教在宁波地区的流传具有重要的历史意义。二灵塔及二灵寺自建成起，"延僧知和居之，知和有道释子也，每有虎相随，当时名播江浙，法席鼎盛。"[一〇]历代多位高僧名禅也曾栖居于此，是宁波佛教文化发展历程的见证。

　　2. 宋代石构建筑代表

　　塔是古代独特的高层建筑，它的发展历程始终受到地方文化、科学

[一] 周静书：《鄞县名胜古迹·二灵塔与"二灵夕照"》，黄山书社，1998年版。

[二] [明]润玉：《宁波府简要志·卷一》。

[三] 王荣商：《东钱湖志》，1916年。仇国华：《新编东钱湖志》，宁波出版社，2014年版。

[四] 刘立冬：《风水塔的地理审美意义初探》，《安徽农业大学学报》2011年第3期。

[五] [明]杨寔：《宁波郡志·卷九·寺观考》成化四年刊本。

[六] 浙江省鄞县地方志编委会：《鄞县志·第二十九编第四章》，中华书局，1996年版。

[七] 张驭寰：《中国佛塔史》，科学出版社，2006年版。

[八] 王效清：《中国古建筑术语词典》，文物出版社，2007年版。

[九] 张伟：《宁波佛教志》，宁波市佛教协会编，中央编译出版社，2007年版。

[一〇] 赵传保、赵家荪修：《鄞县通志·政教志·壬编上宗教篇》（民国版）。

技术、地理气候等条件的影响和制约。无论是其外形特征还是装饰细节，既反映了同时代建筑典型特征，又具有比较鲜明的地方特色。现今，整个宁波地区，始建于宋代以前古塔本就为数不多，而其中多数皆为后世毁后重建，难免原貌尽失。有些虽然保留了原有风貌，但残损严重。目前仅存的佛塔中，唐代天宁寺塔为砖砌密檐结构；北宋重建阿育王寺上塔为楼阁式砖塔，且多次重修，毁坏严重；慈溪洞山寺石塔为宋代石塔，塔身六面七层，现残存五层。因此二灵塔作为仅存的北宋方形石塔的典型代表，因其建造年代、特殊形制及完好保存而显得尤其难能可贵，是我们研究唐宋石构建筑、石雕工艺的珍贵实例。

从形制上看，二灵塔是一座四面七级的方形楼阁式石塔，虽不甚宏伟高大，但古朴雅致，玲珑秀美，此类北宋时期的方形石塔，至今留存甚少，在省内属罕见。更为可贵的是在二灵塔的底层东壁上，有"政和口年"刻文题记，为后人提供了确切的建塔年份依据，对研究宋代石构建筑方面具有重要参考价值。楼阁式是我国古塔出现最早、发展最成熟的典型样式，早期以木塔为主，隋、唐以后，建塔材料转向砖石，出现了以砖石仿木构的楼阁式塔[一]。二灵塔作为宋代楼阁式石塔典型代表的特征是：一、其外观非常忠实地按照木结构楼阁的形式，每层之间的距离较大，远远望去，塔身就是一座高层楼阁；二、虽以石块垒建而成，塔身均制作出与木构楼阁相同的门、窗等，塔檐大都仿照木结构塔檐，有檐角、翘檩等部分，其形制仿照木结构楼阁而建；三、塔内部虽然没有楼梯，不能登临，但均有楼层区分，从内部明显可见楼阁式制式。

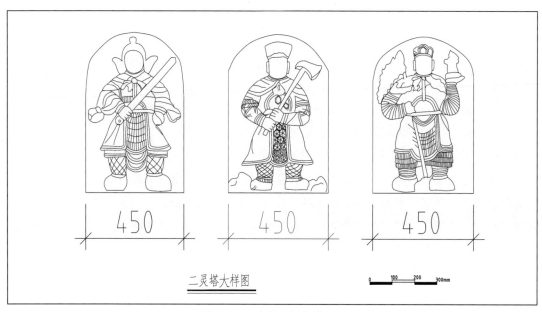

二灵塔大样图

图14　二灵塔石刻大样图

从建造工艺上看，二灵塔整组佛像、金刚像皆雕琢粗疏豪放、棱角分明，虽简洁朴素，却形神具备、独具魅力。塔身各层壶门式券龛内均有浮雕佛像，造型比例适度、线条简练流畅、刻工精美传神，代表了当时宁波地区石雕工艺的高超水平（图14）。

宁波石雕历史悠久，各种石雕石刻遗存数量众多、造型别致，具有丰富的内涵。尤其是遗存至今的东钱湖南宋石刻群，为国际和国内最完整、最丰富石雕文化瑰宝。二灵塔正好地处宁波东钱湖，无论从刻文题记还是资料考据上都明确显示建塔时间在北宋时期，二灵塔的石雕工艺具有浓厚的宗教色彩和鲜明的地域特色，是研究宋代宁波石雕艺术的宝贵实证。

［一］罗哲文：《中国古塔》，外文出版社，1994年版。

21

【宁波河姆渡遗址等干栏式建筑分析研究】

黄定福·宁波市文物保护管理所

摘　要：近年来通过考古发掘，发现了一些宁波古代人类活动的遗址，这些遗址的发现，说明了从新石器时代到秦朝，宁波地区的人类活动范围在不断地扩大，宁波先民们在艰苦的环境中，战胜自然界的阻力，推动着社会向前的发展，也留下了许多人类建筑的雏形，直至今天，仍在许多方面为我们在建筑创作中提供有益的借鉴。本文通过研究干栏式建筑实例，对先秦时期的原始建筑材料、建筑技术以及建筑特色作一些分析研究。

关键词：干栏式建筑　材料　技术　分析

23

《孟子·滕文公》："下者为巢，上者为营窟"。中国北方少雨而干燥，原始人类多采用在地下挖洞或积土而成的原始居住方式营窟。而巢居是中国古代南方地势较低、雨水较多而潮湿、有虫蛇的地区，为了去湿和避免虫叮蛇咬而建在树木上的蓬屋。

宁波的古代原始居住建筑的发展过程是很缓慢的，在悠久的历史长河中，宁波地区的先民们从比较艰苦的巢居生活开始，一步步慢慢地从树上下来，掌握了能够在地面上建造适合人类居住的房屋技术，创造出了原始的木构架建筑，这样既满足了最基本的居住功能，又可以进行公共活动，拓展了房屋的使用功能。这是宁波古代建筑的草创阶段，为以后宁波地区古代建筑的形成做出了卓越的创造与贡献。

近年来通过考古发掘[一]，发现了一些宁波古代人类活动的遗址。如河姆渡遗址、田螺山遗址、慈城傅家山遗址、句章故城遗址、芦家桥遗址、慈湖遗址、塔山遗址等。这些遗址的发现，说明了从新石器时代到秦朝，宁波地区的人类活动范围在不断地扩大，宁波先民们在艰苦的环境中，战胜自然界的阻力，推动着社会向前的发展，也留下了大量原始人类建筑的雏形。这些原始建筑的材料、建造技术和装饰艺术，直至今天，仍在许多方面为我们在建筑创作中提供有益的借鉴。

[一] 王结华、褚晓波：《宁波地域考古的回顾与展望》，宁波市文物考古研究所、宁波市文物保护管理所编著：《宁波文物考古研究文集》，科学出版社，2008 年版，第 2 页。

一 干栏式建筑实例[一]分析

1.河姆渡遗址

河姆渡遗址位于浙江省宁波市余姚河姆渡村,据有关资料记载,7000年前这里靠近大海,宁波的母亲河"余姚江"也从此处经过,这是我国东南沿海考古发掘出来的最早的新石器时代人类遗址,遗址中发现了许多干栏式建筑遗迹(图1)。根据考古资料显示在河姆渡遗址的第四文化层底部,分布着面积最大,数量最多的干栏式建筑群遗迹,远远望去,遗留下来的木板、木柱、木枋虽然残损严重,但数量众多,蔚为壮

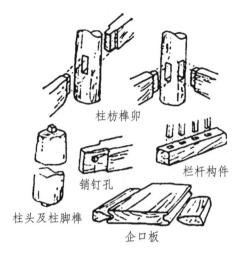

图3 河姆渡遗址榫卯结构图

(柱枋榫卯 / 栏杆构件 / 销钉孔 / 柱头及柱脚榫 / 企口板)

图1 河姆渡干栏式建筑复原

图2 河姆渡干栏式建筑遗址出土的木构件

观(图2)。当时的考古人员请来有关建筑专家共同研究,根据遗留下来的桩木排列、走向推算,第四文化层是一个大型的原始建筑群落[二],它至少有6幢建筑组成,其中最大的一幢建筑长23米以上,进深6.4米,檐下还带有1.3米宽的走廊。在这长屋里面还可能分隔成若干个小房间,供一个大家庭住宿使用。遗址中清理出来的建筑构件主要有木桩、地板、柱、梁、枋等,有些木构件上带有榫头和卯口,大约有几百件。榫头和卯口的使用说明当时建房时垂直相交的节点大量地采用了榫卯技术,其中一些构件还有多处榫卯(图3)。因此,我们可以得出河姆渡遗址的建筑基本原理是以大小木桩为基础,在其上架设大小梁,梁上铺地板,这样就做成比地面高许多的基座,然后再立柱架梁、做人字坡屋顶,在完成木屋架后,围墙一般采用茅席或树皮,用树藤或其他长条形的植物捆扎做成围护设施。考古发现一些立柱也可

能从地面直接开始，通过柱与桩木绑扎的办法树立起来的。根据出土的工具来推测，这些榫卯是用石器加工的。这一实例说明，当时长江下游一带木结构建筑的技术水平高于黄河流域。

这些聚落包含居住区、墓葬区、制陶场等，分区明确，布局有致。房屋平面形式因功用不同而有圆形、方形、吕字形等。这种高于地面，底下有架空层，带有长外廊的原始建筑较能适应我国南方地区雨水较多、夏天潮湿闷热的地理环境，所以被后人所继承。直到今天，在我国江南地区和东南亚许多国家的一些农村乡间仍能见到此类建筑的踪影。

2. 田螺山遗址

田螺山遗址离河姆渡遗址很近，同属于宁波余姚一带。遗址发掘出土有多层次的成片干栏式建筑，其中柱坑遗迹以及排列有序的村落设施平面布局，从不同研究视角向人们提供了极有价值的河姆渡文化，也说明了田螺山遗址是迄今为止发现的同属于河姆渡文化中保存最为完好的史前村落遗址。它给我们描绘出一处地面环境良好，地下遗存比较完整的依山傍水式的原始村落（图4、5）。

[一] 干栏式建筑实例资料部分来自各级文物保护单位的"四有"档案。

[二] 吴玉贤:《河姆渡遗址第一期发掘追忆》,《宁波文物古迹保护纪实》,宁波出版社,2000年版,第22页。

25

图4　市民参观田螺山遗址考古现场　图5　田螺山遗址出土的成排干栏式建筑桩基

考古发现该遗址主要为多层次的一排排以柱坑为主要形式的干栏式建筑遗迹,真实地反映了以挖柱坑、垫木板、立木柱为显著特征的具有阶段性特征和发展水平的建筑基础营建技术,同时也出现了一些与先前河姆渡遗址不一样的多重厚薄不一、垫板式的建筑基础营建方式[一]。这些遗址中的建筑范围和大小证明,当时的先民已经能够挖掘较深的土坑,且能够应用重力与承重力关系的经验进行建筑,其技术水平在河姆渡干栏式建筑文化中堪称最为先进。这对研究宁波地区古代木构建筑营建技术和古代村落建筑群的平面布局、生态环境的发展、演变过程具有重要价值。2013年5月,田螺山遗址被国务院核定公布为第七批全国重点文物保护单位。

3.慈城傅家山遗址

傅家山遗址位于宁波市区以北约27公里的慈城镇八字村傅家山,宁波市文物考古研究所于2004年5月至8月对傅家山路段进行了抢救性发掘,共发掘725平方米。它是河姆渡文化早期类型的又一处原始聚落遗址,发现的木构建筑村落基址中,残留较多的是桩木、木板,带有榫和卯孔的建筑构件。这些构件的制造技术似乎比河姆渡遗址发现的更胜一筹[二]。

村落遗迹为木构建筑基址,坐西朝东,背靠傅家山,南北方向面宽30余米,并在南北两端的地层中延续。建筑基址进深方向宽度约16余米,有7~8排的木桩。基址残留较多的是桩木、木板,还有带有榫和卯孔的建筑构件。其中桩木成排成组、有规律地向面宽方向分布,木板散乱于其间。

4.句章故城遗址

宁波在夏、商、周三代都为越地。句章故城位于慈城镇王家坝村一带,前后历周、秦、汉、晋诸代,一度繁华八百余年。

根据有关考古资料显示,在句章故城遗址的二号探沟的底部,也就是第四文化层里面发现了一座干栏式木结构建筑遗址(图6)。这座干栏式木构建筑具体做法是,首先在地平面以交错堆叠的木桩形成承重支柱,然后在柱上面铺一层木板作为活动面,最后在木板外围紧紧捆住一根横木,横木外再支立柱进行加固。考古发掘出来时,该建筑上部已经倒塌,从塌落的建筑材料堆积情况分析,屋顶原本铺有一层茅草,茅草上还有覆以板瓦和筒瓦。整幢建筑采用的木结构比较严谨,建造时用工考究,其建筑风格与河姆渡文化干栏式木构建筑既有一脉相承的地方,又独具个性,建筑材料、建造技术和施工工艺充分体现了江南水乡所独有的建筑特色,从考古学的地层叠压关系分析,此建筑的使用年代大概在春秋至战国时期[三]。

图6　句章故城遗址干栏式木构建筑(局部)

二 建筑工具

从考古发掘出来的许多器物来分析，当时的河姆渡先民们所使用的木作工艺已经取得十分突出的成就。一些比较常见的工具有木耜、小铲、杵、矛、桨、槌、纺轮、木刀等，此外还发现了不少原本安装在骨耜、石斧、石锛等工具上的把柄。其他还有用分叉的树枝及动物角制作的工具，例如鹿角等加工成的曲尺形器柄，从器物上我们可以看出叉头下部砍削出榫状的捆扎面，石锛则捆扎在前侧，石斧应当是捆绑在左侧。河姆渡遗址干栏式建筑中木构件基本上都凿卯带榫，特别是发明并使用了大量企口板、带销钉孔的榫和类似于燕子尾巴的燕尾榫。这些带榫卯结构的构件、企口板、燕尾榫等的制作都需要借助原始的建筑工具。如果没有制作精良的骨耜、木刀、石斧等工具，榫卯间的挖槽打洞是无法完成的，说明河姆渡时代的建筑所用的木作工具和建造技术已经取得了突出成就。

傅家山遗址中的石器是主要的生产工具，有石斧、石锛、石凿、石刀、磨盘等[四]。骨器也是主要的生产工具之一，主要器形有：骨镞、骨耜、骨匕、骨刀、骨锥、骨针等。这些骨质工具都是利用动物的肢骨、肩胛骨、肋骨和角加工而成，它们为建筑原始住宅的主要工具之一。

慈城慈湖遗址中出土的一组木质遗物十分珍贵。木质钻头（镶嵌骨牙质钻刀），尚属首次发现[五]，为研究木质生产工具的发展史填补了空白（图7）。木质双翼长锋箭镞与后来双翼短锋青铜箭镞颇为相似，推测前者是后者的雏形。牛轭形器可能是一种牵引工具，较多木耜的发现，既是生产工具数量的丰富，也说明了当时农耕业已经成为主要的生产活动。这些出土的木制生产工具对建造原始时期的建筑有巨大作用。

图7 慈湖遗址木质钻头

三 建筑材料

考古资料记载，有20多件漆器在河姆渡遗址中被发现，一般在早期河姆渡遗址中，单纯用天然漆施于木器表面，稍后在天然漆中掺和了一些

[一] 孙国平等：《浙江余姚田螺山新石器时代遗址 2004 年发掘简报》，《文物》2007 年第 11 期。

[二] 宁波市文物考古研究所编著：《傅家山新石器时代遗址发掘报告》，科学出版社，2013 年版，第 148 页。

[三] 王结华，许超，张华琴：《句章故城考古的主要收获与初步认识》，《南方文物》2012 年第 3 期。

[四] 宁波市文物考古研究所编著：《傅家山新石器时代遗址发掘报告》，科学出版社，2013 年版，第 64 页。

[五] 丁友甫、王海明：《宁波慈湖遗址发掘简报》，《浙江省文物考古研究所学刊》，科学出版社，1993 年版。

图8　河姆渡遗址出土漆器

图9　句章故城遗址出土板瓦、筒瓦

图10　句章故城遗址出土古砖

图11　句章故城遗址出土人面纹瓦当

红色矿物质，矿物质的混合使用能使器物色彩更加鲜亮。例如在河姆渡遗址第三文化层中出土的木胎漆碗就是其中一个最好的例证（图8），碗外壁涂有一层朱红色涂料。这种朱红色涂料，经中国科学院高分子研究所李培基先生取样鉴定认为是有机质漆，报告中明确指出"经裂解后，涂氧化钠盐片。用红外光谱分析，其光谱和马王堆汉墓出土漆皮的裂解光谱图相似"[一]。用微量容积进行热裂收集试验，确认木碗上的涂料为生漆。朱漆碗的发现，说明早在新石器时代中国就已认识了漆的性能并调配颜色，这也为宁波先民建筑材料用漆打下了基础。

芦家桥遗址位于鄞州区四明山古林镇三星村，距芦家桥约150米，土名庵基盘。于1973年冬该处挖掘横江河道时发现，经浙江省、宁波市文物部门鉴定，确认为5000年前的新石器时代村落遗址。在芦家桥遗址先民原始聚落群里，当时的芦家桥先民已脱离刀耕火种的时代，在依山傍水的地方形成了一个固定的生活村寨，这里最有特色的是先人已经用芦苇编织的苇席作为挡风避雨的建筑材料，用于作为房屋建筑的墙壁[二]。

在句章故城遗址二号探沟第四文化层中，考古人员发现了许多板瓦、筒瓦（图9）和砖（图10）等建筑构件。这里发现的建筑构件制作相当精良，规格也比较高，分析应该不是一般普通民宅所用。出土的瓦当主要为人面纹瓦当[三]（图11），与六朝时期建康都城出土的人面纹瓦当造型风格近似，时代上一致，充分说明了瓦当作为建筑材料在这一地区也被采用。

28

四　建筑技术

与同时期黄河流域居民的半地穴式建筑相比，河姆渡遗址中出土的庞大的干栏式建筑要复杂得多，干栏式建筑中采用的数量巨大的木材应该要有专人设计策划，经过仔细计算后，需要分类加工，制作成不同类型的建筑构件，例如木柱、木地板、木枋和木桩等。干栏式建筑建造过程中还需要有人现场指挥，类似于现在的房屋建造项目现场施工员。如果没有指挥建造员，建造时会出现七高八低，弯弯曲曲的房子，这样是不牢固的。这种建筑技术水平从某种角度来说，宁波地区当时的河姆渡人已具备像现代建筑设计师和项目施工员一样较高的智商。在经过许多建筑专家的论证后认为，河姆渡遗址中既可防潮又能防止野兽侵袭的干栏式建筑是我国南方传统木构建筑的原始建筑雏形和祖源。其中特别需要指出的是河姆渡遗址中榫卯结构的发现，把我国榫卯技术运用的历史推前了2000多年，被文物建筑考古学家称之为7000年前的奇迹[四]。

而在慈城傅家山遗址中还出土了一些的带榫卯的建筑构件以及销钉木板（图12），更为少见的是发现三块双榫凹槽板（图13），其造型为一端两侧有两个方榫，另一端齐平，两侧凿出圆弧形凹槽。类似构件在河姆渡文化遗址中尚属首次出土，这种建筑技术在当时是最为先进的。

图12　傅家山遗址销钉木板

[一] 浙江省文物管理委员会，浙江省博物馆：《河姆渡遗址第一期发掘报告》，《考古学报》1978年第1期。

[二] 谢国旗编著：《鄞州区第三次全国文物普查丛书·最后的遗产》，宁波出版社，2013年版，第2页。

[三] 许超：《句章故城出土的筒瓦研究》，《浙东文化》，文物出版社，2013年版，第173页。

[四] 宁波市文物管理委员会办公室编：《宁波胜迹·河姆渡遗址》，1987年版，第3页。

29

图13　傅家山遗址中罕见的双榫凹槽板

塔山遗址位于宁波象山县丹城塔山东南麓，依坡濒海，面积约4万平方米。2013年被国务院公布为第七批全国重点文物保护单位。遗址中出土较多的犁、耘田器等农业工具，证实农耕技术已达到一个新水平。当时的人们创造了由红烧土墙、碎陶片撒铺地面、用石砌保护坡地基的建筑物，并逐渐具备砌石墙、挖基槽的建筑技术。这说明了当时的塔山人能依山临海，立柱架梁，搭物定居[一]。

五　宁波干栏式建筑雏形特色

宁波先民第一阶段建造的是栽桩架板的干栏式建筑住舍。主要由地龙骨、横木和竖桩组成，还有竖板和横板。有的采用卯榫和企口板加工。竖桩有的还用大叉手。地龙骨长者在25步以上。这类建筑以桩木为基础，其上架设大、小梁（龙骨）承托地板，构成架空的建筑基座，再于其上立柱架梁，构成高于地面的"干栏式"的房屋。

第二阶段是栽柱打桩式的地面建筑。这类栽柱式的柱下用木板作基础。柱有方形、

半圆形和扁形等形状。推究其营造工艺，是先挖好柱洞，而后放入木垫板（即后来柱础的前身），再放进柱子。栽柱式建筑构件，是直接打入地基的。

第三阶段的栽柱式地面建筑比第二阶段有所改进。一般先挖好柱洞，而后放进打实的比较硬的黏土、一些碎陶片和红烧硬土块，需要一层层填实加固，这样成为"钢盔"状柱础，于其上立木柱，这就是最古老的有柱础的地面建筑，跟宁波古代建筑有些接近，此时的宁波古代建筑雏形已经形成。

六　宁波古人类建筑遗址保护利用

如今，随着宁波市文化遗产保护事业的不断加强，一些古代人类活动的遗址被考古发掘出来。其中部分遗址经过各级文物部门的努力，作为遗址博物馆被保护了下来。例如河姆渡遗址不仅被完整保护下来，公布为全国重点文物保护单位后，经论证规划，成为宁波市著名旅游景区（图14）。田螺山遗址曾入选"2008年中国十大考古新发现"[二]初选名单。为了更好地发掘和保护遗址，2007年，

图14　河姆渡遗址博物馆

30

图15　田螺山遗址现场发掘馆

余姚市政府出资1500万元在田螺山遗址发掘现场建立了现场发掘馆（图15），这是第一次在中国东南沿海低海拔、高地下水位地区进行原址保护展示。实施边发掘边开放，也是中国新石器时代文化考古中发掘和文物保护兼顾的一次尝试，为游客创造了亲历考古现场、感受考古工作特有氛围的机会，成为市民了解宁波先秦历史的活教材。余姚市也在为河姆渡与田螺山遗址共同申报世界文化遗产做积极准备[三]。

　　一些因建设项目无法作为遗址博物馆保护的遗址也做了保护性回填，遗址所在地树立起有关标志说明牌，考古发掘出土的文物均被市各级文物部门妥善保护、进行研究和利用。

[一] 郑松才：《塔山遗址发掘经过》，《宁波文物古迹保护纪实》，宁波出版社，2000年版，第49页。

[二] 黄建华：《余姚田螺山遗址入围08年度全国十考古新发现》，《余姚日报》，2009年3月8日。

[三] 柴明雄：《余姚要申报世界文化遗产》，浙江在线新闻网站，2004年6月6日。

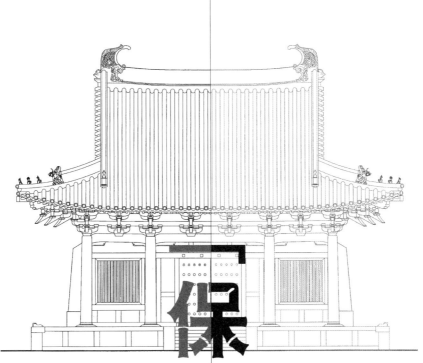

「保国寺研究」

【保国寺元代史料考略】

—— 简评《骠骑山赋》与《骠骑山赋序》

曾　楠·宁波市保国寺古建筑博物馆

摘　要：元代释昙噩所作的《骠骑山赋》是保国寺已知历史文献中唯一一篇元代赋文，是目前所知对保国寺所处环境描述最细致、对历史人文分析最透彻的重要文献资料，由于未收录在《保国寺志》中，造成此赋已佚散的错觉。本文对《骠骑山赋》及新发现的与之相关的另外一篇元代杂文《骠骑山赋序》进行了考略和简评，以期丰富保国寺的历史人文内涵。

关键字：保国寺　元代　释昙噩　董复礼

一　史料考略缘起

现存的保国寺大殿建于北宋大中祥符六年（1013年），通过¹⁴C鉴定等现代科学技术可以找到肇建之初的建筑构件，足以证明大殿矗立千年的历史。而保国寺及其前身灵山寺、骠骑将军庙的历史，则可以上溯到更加久远的东汉建武年间（公元25～56年），以骠骑将军张意与其子中书郎张齐芳在灵山立宅隐居为起点。而能够证明这一历史起点的依据是有关保国寺的历史文献记载，主要是清嘉庆十年（1805年）和民国十年（1921年）的两版《保国寺志》以及宋元两代的四部《四明志》、明成化四年（1468年）的《宁波郡志》、清雍正九年（1731年）的《慈溪县志》等。以嘉庆版《保国寺志》记载为例："东汉世祖时，张侯名意者为骠骑将军，其子中书郎名齐芳隐于此山（指灵山），今之寺（指保国寺）基即其宅基。"其他文献与此记载的大意基本一致，没有较大出入，考虑到志书之间的承接参照和考证纠误，保国寺脉发东汉的历史应没有大的纰漏。

纵观现有历史文献，寺志以叙事体和诗文为主，记叙颇为翔实，而地方志中以编目概述为主，记叙较为简略。但元代以后的多部郡县志中均收录了一篇赋文，系元僧释昙噩所著的《骠骑山赋》，全赋共983字，赞叹了骠骑山的自然景观和人文风情，较此前郡县志的记述可谓丰满许多，应该是目前所知的对保国寺所处环境描述最细致、对历史人文分析最透彻的重要文献资料。嘉庆版《保国寺志》在艺文一章的前言中提出："保国寺志，志僧家事，凡乡先生著述应载郡县志，与寺志无涉……"，或许可以解释如此重要的《骠骑山赋》为何未收录于寺志中，造成此赋已佚散的错觉。故而，笔者尝试对《骠骑山赋》进行简单考略，以期丰富保国寺的史料内容，并由此在《全元文》中发现了另外一篇与其紧密相关的元代杂文，系董复礼所作的《骠骑山赋序》，一并记录并简评如下。

二 释昙噩与《骠骑山赋》

释昙噩（1285～1373年），浙江慈溪人，俗姓王，字无梦，又字梦堂，号酉庵，元末临济宗知名高僧。幼时奉母命从乡校，穷览儒籍，彻其义髓，出家以后，文章著述深得时人称道。他的文章简古，有请为撰文者，不打草稿，一挥而就，"士大夫咸礼尊之"。元朝翰林学士、文章大家、鄞人袁桷晚年退归故里，与之过往甚密，曾读昙噩所撰《叠秀轩赋》《骠骑山赋》及《慈照师行述》后，赞赏有加，其中《骠骑山赋》正是昙噩游历、入住保国寺多次之后，为保国寺专著的一篇赋文（附录一）。

通读全篇，昙噩"文章简古"的特征扑面而来，笔者妄解大意以管窥一斑。赋文以骠骑山的方位起笔，描绘了山的秀美景色和珍奇物产，进而分析了其重要的地理位置，南面海外如天子威仪，北面水陆有财货之利。接下来，赋文便记叙了骠骑山因张侯隐居而逐渐从黯黮无闻到达于朝廷的过程。

起初张侯以此山"僻陋迥绝"、"险峭特拔"，可"滨寂寞"、"谢纷纠"，故隐于其中，但他不忘民众，"寒于侯衣，饥于侯粮，病于侯医，渴于侯浆"，逐渐闻达于乡邻，受民众爱戴，并在天下大旱之时感动天地，最终"名之闻海隅而达朝廷"。赋文最后对隐世文化阐述了自己的观点，认为不必求高山、求衺地，也不需"深邃幽靓"、"婉缛妍丽"，而应该放低要求、未雨绸缪，就能如同自然道法一般传承千古。

袁桷在《题噩上人叠秀轩赋后》中写道："今噩上人作《骠骑山赋》及《叠秀》《冽清》二赋，手而读之，诚骎骎乎古作矣"，他还曾为昙噩之书作跋，赞其文"汪洋浩博"、"旷达冲淡"，而又"逞奇阐幽"、"语精意远"，读《骠骑山赋》足见袁桷所赞非虚。另外可知，昙噩为保国寺所作之赋并非《骠骑山赋》一篇，还有《叠秀》《冽清》两篇，可惜后两篇已无从查找了。

三 董复礼与《骠骑山赋序》

笔者在查阅《骠骑山赋》相关史料时，在《全元文》中发现了一篇《骠骑山赋序》，作者系元代奉化人董复礼。董复礼（1294～1326年），字秉彝，读书勤勉，学有所成，经常与袁桷、昙噩等人切磋诗文，但因积劳成疾，英年早逝。作为袁桷的同乡又是优秀贫苦的后生晚辈，他深得袁桷的器重，黄溍称："故翰林侍讲学士袁公甚器重之（董复礼），其父晚得末疾，老母、弱弟、姊妹之未有家者，居处、服食、婚嫁之须，一资于秉彝而后具。"全祖望也称："元之初，大有文名于时者曰董复礼，清容先生（袁桷）所最倾挹者也。"

《骠骑山赋序》（附录二）作于泰定元年（1324年）十月十五日。董复礼在文中介绍了《骠骑山赋》乃是释昙噩为保国寺主持文溪畅公所作（嘉庆版《保国寺志》艺文中有《寄题畅上人灵山别业》，畅公和畅上人应为一人，可相佐证），并评价赋文"体物浏亮，事辞允称"。因畅公欲将《骠骑山赋》刻石立碑，故而请托董复礼作序。文中，董复礼重点论述了对张侯、昙噩等人的看法。他提出，东汉世祖刘秀推翻新莽之政后笃信图谶之说，桓谭、冯衍等官员上疏谏言却被罢黜，薛方、逢萌、严光、周党等隐士或不出山或出山不作为，张侯及其子张齐芳辞官远遁，可能与桓谭、冯衍被罢黜的情形相似，而之所以没有成为像严光之流的名隐之士，或许是因为张侯后辈未曾出现"巨儒硕师"之故。他认为，昙噩有士大夫的能力，却在隐世与入世之间往返自如，学问器量比张侯等人还要远大，其人其作必将和骠骑山一样流传于世。

四 小 结

《骠骑山赋》和《骠骑山赋序》作为保国寺元代的重要文献史料，内容丰富，风格独特，一改元代以前郡县志中编目介绍骠骑山及保国寺的简要体例，以文学的笔触丰富了骠骑山及保国寺的历史素描，并结合浙东区域日盛的隐世文化展开深入的思辨探讨，是保国寺历史文献资料中不可或缺的组成部分，具有乘上启下的重要作用。囿于笔者的学识有限，未能对《骠骑山赋》进行全文解读，蕴含其中的保国寺自然和人文价值还有待进一步的挖掘阐述，另外不能排除保国寺尚有更多类似的历朝文献可能未被发现，这些都值得继续查找考证。

附录一

骠骑山赋[一]

会稽东南之镇也，汰为鄞[二]，衍为鄳[三]，曾一气之未憖也[四]。有峤其间[五]，抑其闰也[六]。崛烟霞之下垂[七]，爝张锦而立玉[八]。怒孤雄之高骞[九]，駴万骏之翘陆[一〇]。莲花之绮媚[一一]，达蓬之豪伟[一二]，睢盱睥睨[一三]，辟易耸缩[一四]。飞者塌翼[一五]，走者跶足[一六]，划群众之莫曹[一七]，超懭恍而见独[一八]。故能储粹美[一九]，孕清淑[二〇]，泄天藏[二一]，发神伏。爰景之圭[二二]，爰食之龟，郡表东海[二三]，实焉是依。谓若负扆而南面也[二四]，节拥龙虎[二五]，灶宿熊罴[二六]，鬯威风于岛屿[二七]，湛恩波于渺弥[二八]。际天之域，莫不来归。于是元帅之府[二九]，罗弓矢，树羽仪[三〇]，于以示中国之体势[三一]，羌率土之怀绥[三二]。谓若负墙而北面也[三三]，舶赋象犀，箪赂珠玑[三四]，征斥卤于富媪[三五]，索鱐藻于冯夷[三六]，管海之利，无复余遗。于是远方之货，具包筐[三七]，贡京畿[三八]，于以效外蕃之职[三九]，羌庶物之咸熙[四〇]，面势攸在[四一]，阴阳厥宜，嘉生挺拔[四二]，秉懿萃奇[四三]。

盖物之大者，人禀之灵，人之显者，物托之名。肇兹地犹黮黭[四四]，迹权舆于东京[四五]。惟张侯之始来[四六]，塞筚簬以孤征[四七]。层巘相要[四八]，列障争迎[四九]，娇哢腾欢[五〇]，弱颖献荣[五一]。彼尼邱于孔子[五二]，徒历骋而无宁。彼嵩岳于山甫[五三]，徒补阙而自矜[五四]。侯也生与山同贵，顾肯隐金马、直承明[五五]，死与山同寿，顾肯采神药、访仙瀛[五六]。且侯能轩冕簪笏[五七]，廊庙邱壑[五八]，蜕俗鸡犬[五九]，笑侣笙鹤[六〇]，则宜山之僻陋迥绝[六一]，宅遐荒而滨寂寞也[六二]。侯能屏弃妻孥[六三]，诀去亲友，抗躅椒樊[六四]，脱累尘垢[六五]，则宜山之险峭特拔[六六]，势耸峙而谢纷纠也[六七]。

烂金碧之轮奂[六八]，秘俎豆之馨香。坎叠鼓之鼍吼[六九]，沛双舟之龙骧[七〇]。严岁时而宴喜，岂斯民之敢忘！寒于侯衣，饥于侯粮，病于侯医，渴于侯浆[七一]，则宜山之云肤寸而雨八荒也[七二]。有坎其巅[七三]，神物攸蛰[七四]，龟甲而龙，厥数盈十，何负文而抱素[七五]，乃质重而章袭[七六]。卦画文言[七七]，互缀交缉[七八]，其诡异奇伟之状，岂亦刳肠藏骨者所可及乎[七九]？时惟旱暵[八〇]，遍走百灵，长吏斯届[八一]，牲帛竭诚[八二]，则能应祈祷以盻蠁[八三]，施功效于窅冥[八四]，赤地溥洽[八五]，槁苗浡兴[八六]，国赋民用，庶几有赢，是宜其名之闻海隅而达朝廷矣。

然远之则赤城、天姥[八七]，近之则四明、雪窦[八八]，排埂圠以为高[八九]，跨苍茫以为衺，壮堪舆于今兹，结造化于曩旧。或碣嶪而圭植[九〇]，亦濆洞而轮辌[九一]。琪树春浓[九二]，瑶草秋瘦[九三]，咫尺异观，顷刻易候。其深邃幽靓也[九四]，虽郭文处之而中休[九五]；其婉缛妍丽也[九六]，虽董生过之而外诱[九七]。子而取是，曾彼之未观也。必膏粱而食[九八]，骤吾饥之孰得？必狐貉而裘，骤吾寒之孰谋？必骐骥而乘驾[九九]，吾斯病；必豫章而构居[一〇〇]，吾斯疚。道讲于鲁而不专于鲁，才产于楚而不专于楚。灵鹫之峰逮此仅十万余里[一〇一]，凡教之所被则是[一〇二]。灵鹫之会逮今仅二千余年，凡学之所传则然。殷梵放之清越[一〇三]，屹浮屠于寥泬[一〇四]。拥龙象而群居[一〇五]，踞猊狮而肆说[一〇六]。未蛰何雷，应畅喧豗[一〇七]，不海何鲸[一〇八]，簧簧砰磤[一〇九]。辟金铺而蔽亏[一一〇]，握觚稜以掩映[一一一]。载休闻于将来[一一二]，职人焉其无兢[一一三]。飘风鼓巽[一一四]，畏涛撼顿[一一五]，全公议论[一一六]。清旭辉耀[一一七]，紫翠沐膏，全公色笑[一一八]。窥风采于来哲[一一九]，驾宿硕于往斯[一二〇]。伟澄照之遗迹[一二一]，粲仲宣之雅词[一二二]。北齐龙猛通其岐[一二三]，马驹太监要其归[一二四]。纷辈出而角立[一二五]，俱高跻而远驰。

故曰：一变至鲁，再变至道。而山之蕴，殆于是乎尽之。蹄一陟以遐睇[一二六]，俯千古而凄其[一二七]。

——选自成化《宁波郡志》卷二，参光绪《慈溪县志》卷六

注释：

[一] 骠骑山：即马鞍山，今属洪塘街道。旧时被视为府治后镇山。

[二] 汰：这里有"分"的意思。

[三] 鄞：汉置县名。鄞县的范围相当于今江东区和鄞州东乡地区，县治在今阿育王寺附近的贸山同谷（即今五乡镇同岙村村口山谷）。

[四] 曾：乃。愁：损伤。

[五] 肖：高峻独立的样子。这里指骠骑山。

[六] 抑：作语助，用在句首，无义。闰：偏。

[七] 崛：光绪《慈溪县志》卷六作"屈"。

[八] 爣（huò）：明亮。张锦：张开锦机。

[九] 鶱（xiān）：振翼而飞。

[一〇] 駴（hài）：同"骇"。翘陆：举足跳跃。语本《庄子·马蹄》："龁草饮水，翘足而陆，此马之真性也。"

[一一] 莲花：峰名，在菇湖边。

[一二] 达蓬：山名，今属慈溪市。豪伟：气魄宏大。

[一三] 睢盱（xū）：张目仰视的样子。睥睨：斜着眼看，侧目而视，含有高傲之意。

[一四] 辟易：退避；避开。奢（zhě）缩：畏慑缩栗。

[一五] 塌翼：垂翅。

[一六] 踠：足跌。

[一七] 莫曹：不能并辈。

[一八] 懭悢：失意的样子。

[一九] 粹美：纯美；精美。

[二〇] 清淑：清和（之气）。

[二一] 天藏：天然之府藏。

[二二] 爰：于是。景：影子。圭：古代测日影的器具。

[二三] 表：临。

[二四] 负扆：天子见诸侯时，背扆而坐。扆，户牖之间的屏风。南面：古代以坐北朝南为尊位，故帝王诸侯见群臣，或卿大夫见僚属，皆面向南而坐。

[二五] 龙虎：饰有龙形、虎形的符节。古代龙形符节用于泽国，虎形符节用于山国。

[二六] 熊罴：熊和罴，皆为猛兽。因以喻勇士或雄师劲旅。

[二七] 甿：通"畅"。

[二八] 湛：深。恩波：恩泽。渺弥：水流旷远的样子。

[二九] 元帅之府：元袁桷《延佑四明志》卷一《沿革考》："大德七年，岛夷庞杂，宜用重臣镇服海口，遂立浙东都元帅府，即旧府治为之。"

[三〇] 羽仪：仪仗中以羽毛装饰的旌旗之类。

[三一] 体势：犹情势，形势。

[三二] 羌：作语助，用在句首，无义。率土："率土之滨"之省。谓境域之内。《诗·小雅·北山》："率土之滨，莫非王臣。"王引之《经义述闻·毛诗中》："《尔雅》曰：'率，自也。自土之滨者，举外以包内，犹言四海之内。'"怀绥：安抚关切。

[三三] 负墙：古时与尊者言谈毕，退至于墙，肃立，以示避让尊敬之意。北面：面向北。古礼，臣拜君，卑幼拜尊长，皆面向北行礼。

[三四] 赂：赠送财物。珠玑：珠宝，珠玉。

[三五] 斥卤：土地含有过多的盐碱成分，不适宜耕种。富媪：地神。《汉书·礼乐志》："后土富媪，昭明三光。"颜师古注引张晏曰："媪，老母称也；坤为母，故称媪。海内安定，富媪之功耳。"

[三六] 鱐：干鱼。光绪《慈溪县志》卷六作"鳙"，恐误。薨：同"槁"，干枯。冯夷：传说中的黄河之神，即河伯。泛指水神。

[三七] 包筐：包匦，筐筥。借指为馈赠之礼品。

[三八] 京畿：国都和国都附近的地方。

[三九] 外蕃：谓属国。

[四〇] 庶物：各种事物。咸：都。熙：兴盛。

[四一] 面势：指自然环境的情势、外观、位置。攸：所。

[四二] 嘉生：茂盛的谷物。

[四三] 秉：秉承。懿：美。

[四四] 肇：初始。黮黮（dǎn）：黑暗。

[四五] 权舆：起始。东京：代指东汉。

[四六] 张侯：据《会稽典录》记载，汉世祖时张意为骠骑将军，其子齐芳历中书郎，隐居于马鞍山。土人本其父之官，将此山命名为骠骑山。山上有骠骑将军庙。

[四七] 蹇：语助。筚篥：坐着柴车。孤征：单身远行。

[四八] 巘（yǎn）：大山上的小山。要：通"邀"。

[四九] 列嶂：相连的山峰。

[五〇] 咩：（鸟）鸣。

[五一] 颖：禾本科植物小穗基部的二枚苞片。

[五二] 尼邱：同"尼丘"，山名，即尼山，在山东曲阜县东南。相传为孔子出生地。故孔子名丘，字仲尼。

[五三] 嵩岳：即河南登封的中岳嵩山。山甫：即西周时贤臣尹吉甫，曾作《崧高》云："崧高维岳，峻极于天。"后被采入《诗·大雅·荡之什》。崧，即嵩。

[五四] 自矜：自夸；自尊自大。

[五五] 金马：汉代官门名。汉代征召来的人，都待诏公车（官署名），其中被认为才能优异的令待诏金马门。直：同"值"，值宿。承明：指承明庐。汉承明殿旁屋，侍臣值宿所居，称承明庐。

[五六] 瀛：指海上仙山瀛洲。

[五七] 轩冕：古时大夫以上官员的车乘和冕服。借指官位爵禄。

[五八] 廊庙：指朝廷。

[五九] 蜕：蜕化，道教谓人死亡解脱成仙。鸡犬：用汉淮南王刘安举家升天的传说。汉王充《论衡·道虚》："儒书言：淮南王学道，招会天下有道之人，倾一国之尊，下道术之士，是以道术之士并会淮南，奇方异术，莫不争出。王遂得道，举家升天，畜产皆仙，犬吠于天上，鸡鸣于云中。"

[六〇] 笑侣：恐为"啸侣"，指招呼意气相投的人一起从事某一活动。笙鹤：吹笙骑鹤。汉刘向《列仙传》载：周灵王太子晋（王子乔），好吹笙，作凤鸣，游伊洛间，道士浮丘公接上嵩山，三十余年后乘白鹤驻缑氏山顶，举手谢时人仙去。

[六一] 迥绝：远远隔绝。

[六二] 遐荒：边远荒僻之地。

[六三] 孥：子女。

[六四] 抗躅：犹抗迹，高尚其志行、心迹。躅，足迹。椒：山顶。樊：山樊，山的边际，山旁。

[六五] 脱累：脱去浮累。

[六六] 特拔：挺拔。

[六七] 纷絼：应为"纷纠"，交错杂乱的样子。

[六八] 轮奂：形容屋宇高大众多。语出《礼记·檀弓下》："晋献文子成室，晋大夫发焉。张老曰：'美哉轮焉！美哉奂焉！'"郑玄注："轮，轮囷，言高大；奂，言众多。"

[六九] 坎：象声词，状槌击的声音。迭鼓：轻轻地连续击鼓。鼍：爬行动物，吻短，体长二米多，背部、尾部均有鳞甲。穴居江河岸边，皮可以蒙鼓。亦称"扬子鳄"、"鼍龙"、"猪婆龙"。用鼍皮蒙的鼓，其声亦如鼍鸣。

[七〇] 沛：行动迅速的样子。双舟：双双竞渡的龙舟。龙骧：昂首腾跃的样子。

[七一] 浆：泛指饮料。

[七二] 肤寸：借指下雨前逐渐集合的云气。八荒：八面荒远的地方。

[七三] 坎：坑，地洞。

[七四] 蛰：藏身。

[七五] 负文：写作诗文。抱素：保持淳朴的本质。

[七六] 质重：实密厚重。章：文采。

[七七] 卦画：卦象。文言：文字。《易·系辞上》："河出图，洛出书，圣人则之。"据汉儒孔安国、刘歆等解说：夏禹治水时有神龟出于洛水，背上有裂纹，纹如文字，禹取法而作《尚书·洪范》"九畴"。

[七八] 互缀交缉：互相连接。

[七九] 刳肠：语出《庄子·外物》："仲尼曰：'神龟能见梦于元君，而不能避余且之网，能知七十二钻而无遗筴，不能避刳肠之患。如是，则知有所困，神有所不及也。'"

[八〇] 惟：作语助，用于句首或句中。

[八一] 届：到。

[八二] 牲帛：均为祭祀用品。

[八三] 肸蠁：亦作肸蠁，比喻灵通感微。

[八四] 窅冥：遥远处；遥空。

[八五] 赤地：大旱之年，庄稼、野草尽皆干枯。溥洽：周遍，遍及。这里指雨普遍降落。"洽"，似以作"澍"更为妥贴。

[八六] 槁苗：枯槁的禾苗。浡（bó）：兴起的样子。

[八七] 赤城：山名，多以称土石色赤而状如城堞的山，在浙江省天台县北，为天台山南门。天姥：山名，为今浙江新昌县之主山，在县东南围30公里，由拨云尖、细尖、大尖等群山组成，属道教第16和60福地，层峰迭嶂，千态万状，苍然天表。

[八八] 四明：山名。雪窦：山名，在今浙江奉化市。

[八九] 坱（yǎng）圠（yà）：漫无边际的样子。

[九〇] 嵑（jié）嶫：山高的样子。植：立。

[九一] 澒（hòng）洞：弥漫无边。

[九二] 琪树：珍异的树木。

[九三] 瑶草：美丽的花草。琪树瑶草原为古人想象中仙境的树木花草。

[九四] 幽靓：犹幽静。

[九五] 郭文：字文举，晋河内轵人。曾入浙江余杭大涤山中穷谷无人之地，倚木于树，苫覆其上而居。事迹见《晋书》本传。

[九六] 婉缛：婉转曲折而富文采。

[九七] 董生：当指西汉大儒董仲舒。外诱：受外界事物的诱惑。

[九八] 膏粱：膏，肥肉；梁：应为"粱"，细粮；

膏粱，泛指美味的饭菜。

[九九] 骐骥：良马。乘驾：乘坐。

[一〇〇] 豫章：木名。枕木与樟木的并称。一说，指樟木。构居：建造居室。

[一〇一] 灵鹫：山名，在中印度摩揭陀国王舍城东北，为释迦牟尼说法之地。或称鹫岭、鹫山。逮：及，到。

[一〇二] 被：加；施加。

[一〇三] 梵放：即梵呗，是对经偈通过轻幽、柔和、悲悯的心境将它唱诵出来以赞叹三宝、歌颂佛德的一种声调。清越：清脆悠扬。

[一〇四] 浮屠：指佛塔。寥沈：旷荡空虚。

[一〇五] 龙象：指高僧。

[一〇六] 猊狮：即狮子。

[一〇七] 喧豗：形容轰响。

[一〇八] 鲸：这里暗指形同鲸鱼的撞钟的大木。

[一〇九] 簨（sǔn）簴（jù）：钟架，横梁为"簨"，也作笋、栒；承托横梁的立柱为"簴"，也作虡、鐻。砰磕：象声词。用力敲击声。

[一一〇] 金铺：门户之美称。蔽亏：遮掩。

[一一一] 觚棱：亦作"柧棱"，意为宫阙上转角处的瓦脊成方角棱瓣之形，凡物有廉角者曰觚棱，廉角即棱角。

[一一二] 休闻：美好的传闻。

[一一三] 职：主管；执掌。兢：小心谨慎。

[一一四] 飘风：旋风；暴风。巽：消散。

[一一五] 撼顿：摇动颠簸。

[一一六] 全：保全。

[一一七] 清旭：清朗的朝晖。辉耀：光辉照耀。

[一一八] 色笑：指和颜悦色的态度。语本《诗·鲁颂·泮水》："载色载笑，匪怒伊教。"郑玄笺："和颜色而笑语，非有所怒，于是有所教化也。"

[一一九] 来哲：后世智慧卓越的人。

42

[一二〇] 宿硕：硕望宿德之略称。犹言德高望重。

[一二一] 澄照：嘉庆《保国寺志》卷下《先觉·赐紫衣澄照大师传》云："师讳觉先，赐谥澄照，慈溪陈氏子。七岁出家保国。经典一览成诵。初秉教于明智立，既得其传，复请益于慈辨，所诣益深。……绍兴十六年趺坐示疾。"

[一二二] 粲：美。仲宣：汉王粲，字仲宣，山阳高平人。三国时著名文学家，"建安七子"之一。

[一二三] 龙猛：又称龙树菩萨。佛灭后约后七百年（公元150—250年），生于南印度婆罗门种族之家。体悟教理之后，将大乘秘密法义整理成完整系统的大乘修法体系，广造《中论》、《大智度论》、《十二门论》等大论着。按，保国寺传天台宗，天台宗以龙树为初祖，北齐慧文为二祖。通其岐：统一各种歧说。岐，同"歧"。

[一二四] 马驹：指唐代禅宗大师马祖道一，开元年间，跟南岳怀让学习曹溪禅法，于言下顿悟。后于江西阐扬南岳系禅风，时有所谓"马驹踏杀天下人"之谶。
太监：疑误，应为"大鉴"，六祖慧能大师圆寂后的谥号。要：求。归：旨归。

[一二五] 角立：卓然特立。

[一二六] 踊："踊"的异体字，跃升。陟：登，升。遐睇：往远处眺望之目光。

[一二七] 凄其：悲凉伤感。

附录二

骠骑山赋序

骠骑山赋者，无梦昙噩师之所作也。鄞城左瞰太白，右控四明，金峨导前，骠骑殿后。厥初，度土者因兹胜以面势骠骑山。按郡乘：汉世祖时，骠骑将军张意之子中书郎齐芳隐于此，故以名焉。山之麓有精舍曰"保国"，文溪畅公主之。畅公腊尊行高，不废文字。噩师数往游憩，故赋之云尔。尝试论之：世祖以沉几武略克复旧物，然而蔽于图谶，精一执中之旨或有未闻，故桓谭以鲠直见黜，冯衍以谗毁竟废。当时，薛方、逄萌累聘而不至[一]，严光、周党至而不能屈，彼见其不可而止，岂所欲哉？若齐芳者，辞荣远遁，长往不返，其亦有以也夫。汉史既佚其事，无乃以鲠直黜欤？以谗毁废欤？且其地与严光富春相望，其时不甚相远，宜其迹之显显与数公并传[二]，卒至于历千数百年郁而不彰者，盖范氏漫不省记，又无钜儒硕师敷于千数百年之上，抑显晦通塞固有时欤？传曰："升高能赋，山川能说，可以为大夫"。噩师褫冠解佩，自窜于隐沦之中，负其具

[一] 逄萌累聘而不至：至，约园本作"闻"。

[二] 宜其迹之显显与数公并传：显显，约园本作"显晦"。

而不屑[一]，与非其质而强之者，其器量何远哉？今是作也，体物浏亮，事辞允称，畅公将勒之贞石，垂示永久，予见与此山并传于世无疑矣。泰定甲子十月望日，郡人董复礼序。

附录三

重纂保国寺志序

保国寺志，刻于嘉庆十年，住持敏庵禅师所纂。寺在慈溪县东骠骑山之麓，而灵山、马鞍山、象鼻峰、狮子岩，则皆骠骑山之属也。以汉骠骑将军张意父子隐居此山，乃以之得名。今之寺址，盖其故宅。唐会昌以前，无可稽考，仅知其原名灵山寺耳。而保国寺之得名，昉于唐僖宗之敕赐，然由可恭尊者弘化长安，感动人天之所致，故奉尊者为始祖焉。宋时有德贤尊者，为寺中兴之祖，造大雄殿，特具工巧，迄今历九百余载，岿然为中国古建筑之仅存物，殊堪宝也。尊者为法智大师入室之高足，故从是遂属天台之法系。然至明季豫庵禅师后，始有源流可寻。师庵则弟斋，师斋则弟庵，师弟斋庵迭称。以至于今住持一斋禅师，乃锤岩拓基，宏建精宇，全寺焕然，又入一新时代，而寺志因以重纂焉。先是、邑人钱君三照，以保国寺古迹入咏唱，海内缁素和之，既哀然成集；住持复参校原志，搜讨佚闻，为书都十一卷：曰山水，曰建置，曰古迹，曰遗珍，曰先觉，曰法语，曰碑碣，曰艺文一，曰艺文二，曰辖院，曰附卷。附卷载寺先德枕善、梅苑逸诗。益以卷首之山寺全图及序文、凡例等，灿然毕备，其用心可谓勤已！民国十四年冬，余寓寺经月。放览其山林之美，辄为之流连不忍去。

兹以逭暑重来，住持出新志属为序之。按阅一过，乃述吾心之感想者为告焉：昔张骠骑之隐山也，藉释昙噩骠骑山赋而传。昙噩虽莫详所自，玩其赋笔，无疑为魏晋间人，其殆即灵山寺创设之人欤！由此可恭虽为保国寺得名之始，而更当远奉昙噩为开山之祖，此一义也。天台之教源于观，明季来天台家末裔，大抵修易行道，求生极乐，去观而谈教，已不无买椟还珠遗憾。今保国犹承德贤法统，宜辟观堂，专修习一心、次第、体空、析空之观，以浚天台教源，庶无负林壑幽静院舍精妙之胜地，此又一义也。比因世变繁剧，每诉佛寺为迷信，斥僧徒以分利。盖由寺僧囿于故习，无适应时势之设施，化导人心，致令有国民常识者，渐失信仰，而数现毁夺之举。虽犹藉往日遗化，暂勉支持，若无以改弦更张，使僧寺成为地方民众之佛教教化机关，则如植物不根于地，终难免日即枯萎。故寺僧应从事社会教育，民生救济，以移转人民之观感，斯固菩萨四摄之行，尤契佛心者。逮乎民情胥向，僧寺斯自趣安荣。保国寺之农村环境，向称淳朴，能及今以图之，尚不为迟也。综兹三义，曰崇始，曰修本，曰弘护。崇始不难，而弘护亦具端绪，惟修本必得其人乃可。今住持之徒曰慎庵，慎庵之徒曰性斋，资之博咨贤硕，深究观旨。他日学成以归，重耀天台之法灯，庶乎其有望欤！庶乎其有望欤！则重纂寺志之功为不虚矣！民国十九年七月，释太虚序于古灵山舍。（见《海刊》十一卷七期）

[一] 负其具而不屑：屑，约园本作"屈"。

【保国寺大殿宋柱保存现状初步研究】

符映红·宁波市保国寺古建筑博物馆

摘　要：为更好地保护保国寺大殿，了解大殿的保存状况，特别是柱子的保存状况，在2008年勘查的基础上，2015年又对保国寺大殿木结构进行现场勘查、现场调研测试，包括宏观观察及敲击测试、木柱含水率测试、腐朽空洞检测、内部裂缝探测和实验室分析。发现16根宋代木柱中2根木柱表面出现剥落，1根木柱出现较大裂缝，2根木柱柱根出现虫蛀、腐朽、开裂。含水率集中在7.4%～17.4%。对于相同测试深度，不同类型的木柱，木材湿度值波动范围相近，说明不同构造方式对木柱湿度的分布影响较小。对于同一木柱，超声波速随着其含水率的增大而降低。对于不同木柱，波速大的内部密实度高。根据勘察结果，需进一步加强对大殿结构、材质等的监测。

关键字：宋柱　勘查　检测

一　大殿宋柱概述

在1954年第一次全国文物普查时，南京工学院师生窦学智、戚德耀、方长源发现保国寺古建筑，深感惊讶，后经同济大学陈从周、南京工学院刘敦桢教授核实为北宋建筑。自1961年公布为全国重点文物保护单位后，国家多次拨款对大殿进行维修。

现存保国寺大殿建于北宋大中祥符六年（1013年），距今一千多年，其结构独特，气势恢宏，千年如初，某些样式做法与《营造法式》相吻合，为研究宋代建筑提供了实物参考，极具历史、艺术、科学和文化价值，被视为江南建筑瑰宝。目前留存的保国寺大殿为重檐歇山顶形式。从平面布局来看可分为两部分：核心部分为宋代所建，其面宽、进深各三间，进深大于面阔，所用柱子均为瓜棱柱；四周部分为清康熙二十三年（1684年）所建，是在核心部分四周增添的部分，主要是在前部和左右均添加了两列柱子，后部增加一列柱子，所用柱子为整体方柱或圆柱。

为更好地保护保国寺大殿，了解大殿的保存状况，特别是柱子的保

45

存状况，保国寺古建筑博物馆早在2008年底2009年初，委托中国林业科学研究院木材工业研究所对宁波保国寺大殿木结构材质状况勘查，纂写勘查报告。经过几年的时间，为了解大殿柱子保存状况是否变化，以及1974年维修采用的高分子材料环氧树脂历经40年是否会发生变化等情况。特委托上海同济大学建筑与城市规划学院历史建筑保护实验中心暨上海保文建筑工程咨询有限公司对宁波保国寺大殿宋代木柱进行现场勘查、现场调研测试、实验室分析。

二 对大殿柱子现场勘查的内容

1. 宏观观察及敲击测试

使用手持型小锤对所有木柱柱脚、柱身、柱头进行敲击，辨音识别内部空洞情况；使用内窥镜对有破坏点的木柱进行内部视频、照片采集观察。

2. 木柱含水率测试

使用德国testo 610、德国MOIST 210手持式微波测湿仪对16根木柱6个高度进行含水率测试。

3. 腐朽空洞检测

对部分木柱使用德国微钻阻力仪（IML-RESI PD400）对木柱内部腐朽空洞情况进行测试。

4. 内部裂缝探测

对部分整木柱使用瑞士产Proceq PunditPL-200超声波检测仪对木柱内部裂缝情况进行探测。

三 实验室分析内容

1. 绘制含水率分布图

对所有木柱使用Excel软件绘制不同高度不同深度含水率分布图。

2. 绘制木柱内部腐朽空洞截面图

对部分木柱使用PD-Tools Pro及Auto CAD等软件绘制不同高度不同程度腐朽空洞截面图。

3. 绘制病害测绘图

对东后内柱使用Adobe Photoshop软件对木柱表面展开图进行病害标注。

4. 绘制环氧树脂分布图

选取代表性的东后内柱使用Adobe Photoshop、PD-Tools Pro软件对微钻阻力仪四个测试方向的木柱平面进行树脂分布标注。

四 大殿柱子勘查结果

瓜棱柱其瓜棱数因柱的位置不同，分作三种：第一种是柱四周作瓜棱形，为八瓣，用于前檐四柱、殿内四根内柱及前内柱缝两檐柱；第二种作四瓣瓜棱，用于后檐两角柱和前内柱缝东檐柱；第三种为二瓣瓜棱，用于后檐两平柱、后檐柱缝西檐柱。按照柱子的构造分为整木柱、八段包镶柱和四段合柱。前檐东角柱、平柱、前内柱缝东檐柱、后内柱缝两檐柱以及后檐柱为整木柱；前檐西角柱、平柱、前内柱缝西檐柱为八段包镶柱，其中角柱比较特殊，为八块木料围合而成，并不存在中心木料；四根内柱为四段合柱。后两种柱皆是朝外一面有瓣，向殿内部

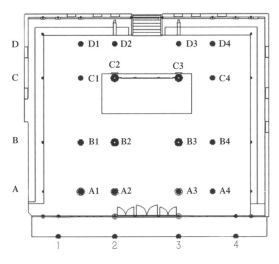

图1　保国寺大殿柱网编号平面图

分作圆弧状，无瓣。为描述方便，柱网编号平面图见图1。

通过现场查勘，编号C4的木柱明显有环氧树脂浇灌的痕迹，故本文下面柱子的检测除整体描述外，以C4为研究对象。其他检测不再单个描述。

1.宏观观察和敲击测试

根据宏观观察和敲击测试结果，发现两根木柱出现表面剥落，一根木柱出现较大裂缝，两根木柱柱跟出现虫蛀、腐朽、开裂。裂缝大的深1厘米，宽度1厘米，长度10厘米。木柱内部空洞的瓣数≤25%瓣数的定为Ⅰ级，木柱内部空洞的瓣数≤50%瓣数的定为Ⅱ级，木柱内部空洞的瓣数＞50%瓣数的定为Ⅲ级。检测发现柱脚75%的为Ⅰ级，12.5%的为Ⅱ级，12.5%的为Ⅲ级。柱身62.5%的为Ⅰ级，6.25%的为Ⅱ级，31.25%的为Ⅲ级。而柱头87.5%的为Ⅰ级，12.5%的为Ⅱ级。

对C4进行环绕照片采集，将木柱照片展开合成平面图，并将各病害类型标注在图中，形成病害测绘图见图2。表面多处留有树脂流过的痕迹，呈凹凸感，颜色比周围油漆颜色深，呈栗褐色并伴有泛白状。

□ 树脂处理痕迹
■ 裂缝
■ 表面油漆脱落
□ 内部空洞

图2　木柱C4病害测绘图

2. 内窥镜检测

木柱C4检测处内部木材表面有多处空洞，空间形状不规则，大小不一。内部其他位置发现大面积虫蛀孔洞，呈圆形或椭圆形，较为密集。

3. 柱子含水率

使用德国testo 610温湿度仪对保国寺大殿环境温湿度进行测试采集，并使用德国testo 606-1材料水分仪及德国MOIST 210手持式微波测试仪对宋代木柱进行测试，测试期间大殿环境温湿度见表1。

木柱含水率和微波测湿选取距离柱础20、50、80、150、220、280厘米六个高度，每个高度按圆周平均选取4个测试点，最后取平均值的方法进行测试；微波测湿按测试深度3、7、11厘米三个深度分别进行测试。

（1）含水率测试结果

整木柱A3、A4、B4、C1、C4、D1、D2、D3、D4表层（0.8厘米内）含水率测试结果如图3。整木柱表层（0.8厘米内）含水率范围为7.4%～14.1%。整木柱表层（0.8厘米内）含水率较高的部位大多集中在柱头位置，少数极个别集中在柱身和柱脚部位。整木柱中大部分木柱柱础至80厘米范围内随木柱高度增加表层（0.8厘米内）含水率减小，80厘米以上随着木柱高度增加表层（0.8厘米内）含水率呈上升趋势，这是因为高度较低部分的木柱与柱础连接，距离地面较近，水分容易通过柱础传递到木柱上，所以木柱下面呈

表1 大殿环境温湿度表

检测时间	温度/℃	湿度/%
10月13日10：10	17.4	70.1
10月13日15：05	19.4	45.8
10月14日08：45	18.4	64.6
10月14日15：50	20.5	61.1

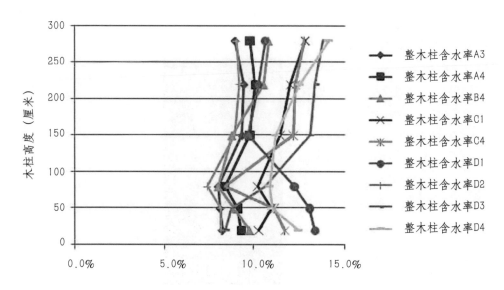

图3 testo 606-1材料水分仪测整木柱表层含水率图

48

现表层（0.8厘米内）含水率较高的状态，而随着木柱高度的增加到达80厘米范围以上，表层（0.8厘米内）含水率随木柱高度增加而增加，可能是越往上木柱通风性越差，或是生物（蝙蝠）排泄物对柱头污染较重。

八段包镶柱表层（0.8厘米内）含水率范围为8.0%～14.5%。四段合柱表层（0.8厘米内）含水率范围为9.4%～17.4%。

（2）木柱湿度检测结果

微波扫描的原理是透过磁电管产生轻微的电场，深入及穿越所检测的结构。由于水分子是极化的，结构中的水分子也开始跟随电场频率震动，并且产生电效应。由于水分子及结构材料的介电值之间有极大差异，因此在结构材料中即使有少量水分子都能被探测出来。但木柱湿度检测出的数值并不代表木材含水率，由于木柱内部构造方式形成空隙或存在腐朽空洞，最终检测数据可能代表木材和空气的混合湿度值，故木材含水率仅以testo 606-1材料水分仪检测结果为准。

4.木柱内部腐朽空洞检测结果

根据木柱敲击测试检测结果，使用德国微钻阻力仪（IML-RESI PD400）对病害等级为Ⅲ的木柱进行木柱内部腐朽空洞重点测试（图4），具体测试木柱及测试高度见表2。

图4 微钻阻力仪（IML-RESI PD400）现场检测

表2　木柱腐朽空洞测试表

单位：厘米

木柱编号	木柱类型	柱径	测试高度 （距离柱础高度）
A1	八段包镶柱	50	50、80
A2	八段包镶柱	50	50、80
B1	八段包镶柱	50	20、50、80
B2	四段合柱	70	20、50、80
B3	四段合柱	70	50、80
C2	四段合柱	70	20、50、80
C3	四段合柱	70	20、50、80
C4	整木柱	50	20、50、80

木材微钻阻力仪的原理是采用一个直径1毫米或稍大一点的小钻针，在通电的情况下使用均匀速度加力使小钻针穿入木材内部，阻力仪就采用携带的计算机磁盘记录小钻针根据木材密度分布不同而产生的阻力曲线，其中阻力大小和进入深度直接相关。根据阻抗曲线可以判断木材内部具体部位的空洞、腐朽情况，为判断木材内部腐朽、虫蛀程度提供有效可靠的依据。

由于木柱存在多瓣的形式，检测时以每瓣都在检测范围为原则，以水平直线式进行测试。对于木柱直径大于仪器检测范围（60厘米）的木柱，采用木柱两侧对穿的方式进行测试。

5.保国寺宋柱超声波检测结果

对于完整的木柱而言，超声波速随着其含水率的增大而降低。随着含水率的增加，波在传递过程中撞击水分子的概率加大导致波的能量减弱，使得测得的波速有所降低。裂缝大的木柱具有更多的空间来保留水分，从而增加其吸水的总量，所以木材内部缝隙较大的时候波速会降低。

五　结论和建议

1.保国寺大殿16根宋代木柱中2根木柱表面出现剥落，1根木柱出现较大裂缝，2根木柱柱根出现虫蛀、腐朽、开裂。

2.保国寺大殿16根宋代木柱，勘测期间含水率集中在7.4%～17.4%，而导致木材腐朽的木腐菌正常生长繁殖的含水率要在20%以上，所以木柱含水率不适宜木腐菌生长。而含水率最大的部位大多集中在柱头位置，可能是柱头位置通风不良或生物（排泄物）污染造成，具体原因还需进一步对木柱不同高度风速进行测定及对木柱进行水溶盐分析之后进行确定。

3. 对于相同测试深度，不同类型的木柱，木材湿度值波动范围相近，说明不同构造方式对木柱湿度的分布影响较小。同一根木柱，相同的测试高度，随着测试深度的增加，木柱湿度逐渐减小，表明木柱外湿中干。测试期间保国寺大殿环境湿度在45.8%～70.1%，木柱湿度最高值达49.2%，由此可知，水分传输途径为木柱从周围环境空气中吸收水分，向木柱内部传递。适合对木材造成腐朽的木腐菌生长的湿度为60%～98%，当湿度在50%以下时，木腐菌生长严重受阻。所以，勘察期间，保国寺木柱湿度条件不适宜木腐菌生长。

4. 对于同一木柱，超声波速随着其含水率的增大而降低。对于不同木柱，波速大的木柱内部密实度高。

5. 木柱A1距离柱础50、80厘米，木柱B2距离柱础20厘米高度内部腐朽空洞程度严重，空洞面积较大。尽管根据国标GB 50165-92《古建筑木结构维护与加固技术规范》6.9.1条规定，因虫蛀或腐朽形成中空时，采用不饱和聚酯树脂进行灌注加固，但是我们建议继续观察。木柱C2距离柱础20、50、80厘米，木柱A1距离柱础50、80厘米，木柱B2距离柱础20厘米，木柱C3距离柱础20、50厘米高度内部腐朽空洞程度一般；木柱B1距离柱础20、50厘米，木柱B2距离柱础50厘米，木柱B3距离柱础50、80厘米，木柱C3距离柱础80厘米高度内部腐朽空洞程度轻微；木柱A2距离柱础50、80厘米，木柱B2距离柱础80厘米高度内部腐朽空洞程度良好；木柱C4内部存在树脂，腐朽空洞情况不详。

参考文献：

[一] 上海同济大学历史建筑保护实验中心、上海保文建筑工程咨询有限公司：《宁波保国寺大殿宋柱现状勘查评估报告》，2015年。

[二] 上海同济大学历史建筑保护实验中心、上海保文建筑工程咨询有限公司：《宁波保国寺大殿宋柱环氧树脂修复效果评估研究报告》，2015年。

【宁波保国寺石作文物纹饰浅析】

林云柯　沈惠耀·宁波市保国寺古建筑博物馆

　　摘　要：保国寺石作纹饰分三部分。第一部分，主要是保国寺内有纪年的石作文物。第二部分，是与保国寺建筑相关的石作纹饰，如唐经幢、北宋须弥座、清代香炉座以及石作文物上的相关纹饰（包括"卍"字纹、"回"字纹、水波纹、花卉纹、虫草纹）等。第三部分，以馆藏的石作纹样为主体，列举了荷花石板与狮子为代表的典型纹饰。

　　关键词：纪年纹饰　建筑纹饰　藏品纹饰

　　石作文物纹饰和其他文物上的纹饰一样，它是历史时期中装饰艺术的一部分。这些纹饰在当时的政治、经济、文化各种因素影响下的装饰艺术产物。因此它保存了丰富的历史时代信息，从时代的视角去审视它，才能了解它的真正含义。保国寺建筑博物馆收藏的石作文物纹饰，形式多样，题材内容丰富，主要有保国寺纪年的石作文物纹饰、与保国寺建筑相关的石作纹饰和馆藏石作文物纹饰几个方面。

一　纪年的石作物纹饰

　　纪年的石作文物是我们研究、鉴定石作文物的标准器，这类标准器，是石作文物研究领域中极为重要的依据。

　　1.唐开成四年经幢纹饰

　　经幢是宗教里的一种石刻，主要是用来祛邪、避灾。保国寺所存之幢有两座。建于唐开成四年（839年）的一座经幢（图1），该幢保存完好，是浙江省内体量最大的一处。该幢由幢顶、幢身、幢座三个部分组成。幢顶为圆柱状，八角形盘盖上翘似屋檐；幢身为八面形，每面高1.9、宽0.25米。幢身各面刻有一隶书字："唵、摩、尼、达、哩、吽、哧、吒"，字下刻有佛顶尊胜陀罗尼经，在吒字面有"开成四年"字样。幢下部有"谯国奚虚己书，江夏黄公素刻石"楷书铭文。幢座采用了须弥座式，幢身除

53

图1　唐开成四年经幢

图2　唐大中八年经幢

了陀罗尼经文外，在束腰部分，每面设有唐式壶门，壶门内雕琢有托塔李天王等佛像。幢座顶琢成仰覆莲纹，莲瓣丰满，线条流畅，颇有生气。与雕琢极为精细、豪放，头尾相随的三条卧龙混为一体。组合纹样每一组主题独立存在。卧龙雕琢神态生动，形象逼真，这反映了唐代建筑艺术石作工艺的高深造诣和成就。是晚唐代时期江南石刻中不多见的精品之一。

2.唐大中八年经幢纹饰

建于唐大中八年（854年）的经幢（图2），八角形石筑结构，顶无盘盖，柱身高1.70、宽0.22米，基座饰莲花瓣和四尊佛像。保国寺唐代石质经幢的装饰纹样，有云气纹、龙纹、莲瓣纹。这种组合主题纹样突出，伴随着衬托主题的纹样有条理地融于一体。

将唐代经幢上所刻纹饰浅析如下：

（1）云气纹。云气纹产生于汉魏时代，是民间对自然的崇尚和对神仙的崇拜。云气纹是一种用流畅的圆涡形线条组成的图案，是汉族传统的装饰纹样。体现了先民们对云、雷等自然现象的认识和形象特征的模拟。唐代经幢上云气纹（图3），有单勾卷和双勾卷两种最基本的样式，以云气之神气冲和万物之情态的"衍化"造型意向为基础，集中体现云气纹的盘绕曲折、生动飘逸的形式意味。在这一时期的艺术样式上富丽堂皇、雍容华贵、雄浑博大，圆润饱满的审美取向。以定型化姿态崛起的朵云纹，对后代整个中国云气纹发展的格局也有代表性的意义。

（2）龙纹。早在五六千年前原始社会的彩陶和玉器中，就出现了龙的形象，龙纹是中华民族的精神图腾，是中国装饰艺术领域中为人们喜闻乐见的传统题材。保国寺唐开成四年经幢上的蟠龙纹（图4）在江南地区已不多见，是研究唐代龙纹的实物例证。龙纹有一个从简朴到繁丽，从宗教化向艺术化，变化相当丰富，从随意性向规范化发展并蔚为多元的发展过程[一]。

图3　云气纹（唐开成四年经幢）

（3）莲瓣纹。两座经幢底部都设有莲瓣纹，一种是线刻覆莲瓣纹，另一种是凸仰莲瓣纹。莲花，是中国传统花卉。《尔雅》[二]中有"荷，芙渠……其实莲"的记载，古名芙渠或芙蓉，现称荷花，盛开时花朵较大，结果时可观赏、可食用，叶圆形，春秋战国时曾用作饰纹。自佛教传入我国，便以莲花作为佛教标志，代表"净土"，象征"纯洁"，寓意"吉祥"。莲花因此在佛教艺术中成了主要装饰

图4　龙纹（唐开成四年经幢）

题材。保国寺建筑中莲花纹的表现形式，有单线、双线、宽瓣等，变化众多，常见缠枝莲、把莲等。莲花纹在石经幢、佛座、香炉、望柱等石制品上广泛应用，它是保国寺建筑中常用的寓意图案之一。

3.北宋大中祥符年佛座

北宋大中祥符年所做佛座的装饰纹样，主要是佛座转角处雕刻的如意纹。如意纹构图精简，线条流畅，雕刻精细（图5）；在须弥座的背面束腰部位，雕琢了精湛的纹饰。这些北宋大中祥符年间的雕刻纹样，在江南地

[一]白丽娟：《石雕与建筑——故宫建筑中的石雕》，中国建筑工业出版社，2011年版。

[二]《尔雅》是汉族辞书之祖。收集了比较丰富的古代汉语词汇。

图5　北宋大中祥符年佛座如意纹

图6　清咸丰五年香炉座

区留世的寥寥[一]，这不仅为我们研究这一历史时期的石刻纹样提供了第一手的实物资料，而且为研究佛教装饰艺术提供了实例。这些石刻纹样是公元1013年前后浙东地区石作佛坛装饰的标准纹样。

如意纹饰是一种吉祥寓意纹样，在优美的形式之下饱含深刻的意义，代表着吉祥、称心、如意的美好寓意。如意纹所采取的象征手法很适合中国人的个性特点。中国人的性格素以含蓄、内向著称，不善于直接表达个人的情感和爱好。借物抒情，托物言志，往往是古人最愿采用的表现手法。

佛座的底部转角雕琢了形似座足的纹饰，实际上是底座的一种装饰，在人们的视觉上，佛坛有四只座足落地，象征着与大地

相通。

4.清咸丰五年香炉座

香炉座（图6）是一件纪年器，器身上文字记载"大清咸丰五年岁在乙卯孟夏月"的铭文。它的纹饰是我们研究清咸丰年前后的一件标准器。该座为六角形，全器由三段构成。面径90、底径90、高88厘米。台面段由六角以柱分隔，每面雕琢"卍"字纹带，其下收缩与束腰段相接。束腰段纹样雕琢讲究，分隔线是长方形条饰，上端雕琢了羊头，下端雕琢了如意、流苏，左右挂着两条鱼，十分精细，以吉祥如意，年年有余的寓意图案作分隔。中间部分是主题人物画和文字，共有六个面，其底六面为"回"字纹带、其足为如意纹装饰。上为勾连纹平台，

承托束腰与台面，装饰简单，但用料厚实，显得特别稳重。整个炉座的文化气氛十分浓厚[二]。

二 石作上的各种纹饰

石作上的纹样，在保持建筑构件原真性的基础上，对建筑物的构件进行加工，装饰纹饰进行美化。这类装饰纹样在保国寺建筑上较普遍。

1.“卍”字纹

“卍”字纹是几何纹中的一种，随着历史的推移被用来代表佛教的标志。在保国寺石作中常见“卍”字纹，在石香炉座的口沿下一周用“卍”字纹带装饰（图7），说明它是吉利的一种装饰纹样。中国佛教对“卍”字的翻译也不尽一致，北魏时期的一部经书把它译成“万”字，唐代玄奘等人将它译成“德”字，强调佛的功德无量，唐代女皇帝武则天又把它定为“万”字，意思是集天下一切吉祥功德。佛教徒视为吉祥和功德的具有神秘色彩的符号。“卍”仅是符号，而不是文字。它是表示吉祥无比，称为吉祥海云，又称吉祥喜旋。

2.“回”字纹

“回”字纹是被汉族民间称为“富贵不断头”的一种纹样。它是由古代陶器和青铜器上的雷纹衍化来的几何纹样，因为它是由横竖短线折绕组成的方形或圆形的回环状花纹，形如“回”字，所以称做“回”字纹。“回”字纹是指以横竖折绕组成如同“回”字形的一种汉族传统几何装饰

图7 清咸丰五年香炉座“卍”字纹饰

图8 清咸丰五年香炉座“回”字纹饰

[一]宁波市保国寺文物保管所、清华大学建筑学院：《东南第一山——保国寺》，文物出版社，2003年版。

[二]白丽娟：《石雕与建筑——故宫建筑中的石雕》，中国建筑工业出版社，2011年版。

57

纹样，根据其纹样的特性，人们赋予了"回"字纹连绵不断、吉利永长的吉祥寓意。

保国寺石作纹样中，很大一部分是用了各种变形的"回"字纹，有的组成"回"字纹带（图8）。据考证，"回"字的字形源自于水在流动时产生的旋涡形态。而从"回"字的字体结构来看，水的旋涡形态也与"回"字纹纹样的构成形式相同，两者都是呈现出一种向心回旋的框架结构。汉字的造字规律显示，华夏文明传递信息所采取的方式是模仿大自然并简化形态来进行"意象"的表达，这种象形的思维方式奠定了先辈们在进行纹样艺术创造时的意象化审美观念。

3. 水波纹

水波纹图形是中国传统图案纹样中最为典型的图案之一，在保国寺石作纹样中也是常见的图案之一。在长期生产生活实践中，人们观察、总结、提炼、概括，经过审美创造的水波图形既具经典意义，又具有形式美与文化美的融合，焕发出恒远的魅力。保国寺荷花石板中，在荷花池里明显的位置雕刻了典型的水波纹，这些水波有的较平曲，有的似水浪，一浪高过一浪的动态，富有生气。在中国传统的文化环境中，对水的崇拜以及对水的形象的描绘犹如水的多样性表现一样，充满了丰富的内容和奇异的色彩。

4. 花卉纹

保国寺藏经楼有六根石柱，柱础上雕琢了各种动植物纹样，内容丰富多彩（图9）[一]。主要有：牡丹纹，牡丹花寓意富贵，牡丹与瓶子一起寓意富贵平安。牡丹为百花之王，

借以形容一品官和地位高。象征富贵和官运亨通。兰花纹，兰花与桂花一起寓意"兰桂齐芳"，即子孙优秀的意思。梅花纹，梅花和喜鹊在一起寓意"喜上眉梢"。松竹梅一起寓意岁寒三友。菊花纹，花与松一起寓意"松菊延年"。竹子纹，竹子又称平安竹、富贵竹，寓意"竹报平安"或"节节高"。石榴纹。榴开百子，寓意"多子多福"，古人认为积善之家方得多子。瓜果纹。瓜生长成熟，能结出小瓜，小瓜变大瓜，瓜又多子，用来比喻子孙延绵不断。葡萄纹，因葡萄结实累累，用来比喻丰收，象征为人事业及各方面成功。菱角纹，菱角寓意"伶俐"，和葱在一起寓意"聪明伶俐"。

5. 虫草纹

保国寺石作柱础上虫草纹（图10）。虫草纹是古代常见的装饰题材之一，早在彩陶文化中就已出现，早期的虫草仅仅是为反映自然的美而作为装饰，并没有实质性的内容。在漫长的历史进程中，人们对虫草纹仔细观察与分析研究后，赋予它特定的文化内涵，从而提升了虫草纹的审美观和寓意的价值观。

虫草纹主要有：蝉，雕刻线条精炼，似停于柱础上展翅正在鸣叫。其实蝉居于高树之上，且食洁净之露水，声音响亮，它寓意君子高瞻远瞩，一鸣惊人。柱础上两只蚂蚱竖起触角，低头瞪眼准备和对方斗个输赢。蝴蝶，"蝶"与"耋"字谐音，意思是年老长寿，将蝴蝶送于老人，意祝愿老人健康长寿。蜘蛛，二只蜘蛛形态各异，一只在织网，一只在爬行，寓意"喜从天降，知足常

乐"。鱼，寓意"丰衣足食，年年有余"。海螺，因为具有收纳的作用，所以寓意可以收纳邪气，辟邪进宝，还寓意有促进夫妻感情的作用。螃蟹，寓意"横行天下，八方来财"。龟，龟的形态是伸头努力爬行，它有坚韧不拔的意志，寓意平安、长寿。与鹤一起寓意"龟鹤同寿"。带角神龟即为长寿龟。

　　柱础上的许多动植物图案组合在一个物体上。有条理地融合于一体。反映人们的美好祝愿。

［一］宁波市保国寺文物保管所、清华大学建筑学院：《东南第一山——保国寺》，文物出版社，2003年版。

59

图9　藏经楼石柱础雕花卉纹

图10　藏经楼石柱础雕虫草纹

三　馆藏石制品的纹样

　　保国寺建筑博物馆在众多的石作文物中，石狮子与荷花石板的装饰纹样具有一定的典型性和代表性。

图11　雄狮足捧绣球

图12　雌狮足扶幼狮

1. 明代石狮子纹样

狮子被誉为"百兽之王"是中华民族独特风采和格调的灵兽和神兽。石狮,是中国传统艺术中的瑰丽珍宝,千百年来,它在华夏的建筑艺术上、佛教艺术上、器物纹饰上、工艺美术上,在漫漫的历史长河中,一直闪烁着灿烂夺目的艺术光彩,体现了中国劳动人民的智慧和才智[一]。保国寺收藏的一对明代石狮系太湖石雕琢。由石狮与狮座两个部分组成。

雄狮基座高55、宽49、长75厘米。雄狮高128厘米。雄狮雕琢与雌狮基本相同,不同之处是前双足上下捧着彩球(图11)。从总体来看,各部分主体突出富有动感。

雌狮雕琢细致,基座高56、宽48、长79厘米。雌狮高126厘米。其特点是头部卷发规整,喜眉笑脸,前足扶捧幼狮,和幼狮戏耍(图12)。胸前悬挂项带,带上挂着响铃,神态自然;背部鬃毛左右分开,疏密有序。

狮座平底束腰,它与石狮是配套的。狮座座面披上丝巾四角下垂,丝巾四周边绣有缠枝纹,中间纹饰前为菊花纹;后为卷草纹;左为卷云纹;右为花卉纹。底部为变形如意纹(图13)。上述雕刻虽较简单,但刀法简练自然流畅,图案主次分明,纹样组合前后对称协调,富有生气,不失为太湖石雕刻中的精品。

（前）　　　　　　　　　　　　　　（后）

（左）　　　　　　　　　　　　　　（右）

图13　狮座各面纹饰

2.清荷花石板纹样

保国寺馆藏的一块荷花石板（图14），长138、宽96、厚6厘米，边框外层设卷草纹，内层"回"字纹中间框中央为一亭子，亭内游客凭栏观赏荷莲。边框为勾连纹，框内中央主体建筑为一攒尖顶的重檐六角亭子，亭前荷莲盛开，碧波荡漾。另一块荷花石板（图15），长146、宽89.5、厚7厘米。中央主体建筑为一攒尖顶的重檐六角亭子，亭前荷莲盛开，仙鹤啄

[一] 林浩:《东钱湖石作艺术》，宁波出版社，2012年版。

61

贰·保国寺研究

图14　荷花石板

图15　荷花石板

食，池中水波起伏，一派美好景色。这两块清代荷花石板，构图简洁、纹样主题突出、雕琢精细、层次分明，不失为石作雕刻中的精品。

四　结　语

保国寺古建筑博物馆收藏的石作纹饰主要有：唐代云气纹、龙纹、莲瓣纹；宋代如意纹；明代狮子纹；清及近代各种纹饰，除了本身拥有的艺术价值外，它们都具有一定的典型性。还可以看到制作者的文化风貌和时代精神，是我们研究各个历史时期石作纹饰的标准纹样。这些标准纹样为我们鉴定石作纹饰提供了可靠的实物资料，也是祖国石作文化遗产中重要的宝贵资源。

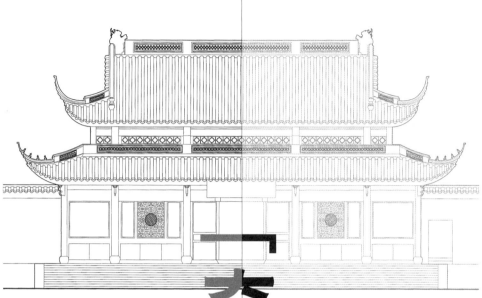

「奇构巧筑」

叁

【苏州罗汉院大殿复原研究】[一]

张十庆·东南大学建筑研究所

摘 要：江南早期木构遗存极少，北宋时期木作遗构除宁波保国寺大殿外，苏州罗汉院大殿遗址尚有诸多信息留存，是认识江南宋代建筑技术的重要资料和线索。本文根据大殿遗址特征以及残留石构形制和遗痕，并辅以江南宋代建筑的普遍性特征，对罗汉院大殿作复原分析。认为大殿形制的独特性，弥补和反映了江南宋代厅堂建筑的多样性特征。

关键词：罗汉院大殿 遗址 形制复原

相对于北方早期木作遗构留存较多的状况，江南早期木构则所存极少，北宋时期木作建筑遗构除宁波保国寺大殿外，另有两处遗址尚存部分信息，一是甪直保圣寺大殿遗址，二是苏州罗汉院大殿遗址。此江南北宋三殿，其年代、形制及规模相近，是认识江南宋代建筑技术的重要资料和线索。

上述江南北宋三殿中，保国寺大殿现有研究已多；保圣寺大殿笔者作有相关分析[二]，本文重点讨论罗汉院大殿。

一 罗汉院沿革与大殿遗址

1. 寺院沿革

苏州罗汉院始建于唐咸通二年（861年），初名般若院，五代吴越国时改称罗汉院。北宋太平兴国七年（982年）至雍熙（984～987年）中重修大殿，并增建东西砖塔。至道二年（996年），更名寿宁万岁禅院，又称双塔寺[三]。寺院几经兴衰，清咸丰十年（1860年）毁于战火，仅存双塔及大殿遗迹。大殿遗址现存部分石柱、石础、石门限及石罗汉残像、碑刻等遗物。

关于大殿年代考证，遗址出土的南宋绍熙元年（1190年）《吴郡寿宁万岁禅院之记》碑，是最重要的史料。碑文记载："唐咸通中，州民盛

[一]本文为教育部博士点基金课题（编号20120092110057）和国家自然科学基金课题（批准号51378102）的相关论文。

[二] 张十庆.《甪直保圣寺大殿复原探讨》,《文物》2005年第11期。

65

[三][北宋]朱长文《吴郡图经续记》载"寿宁万岁禅院,在长洲东南。唐咸通中,州民盛楚等建为般若寺。至道九年,敕赐御书四十八卷。二年,改今额。"关于罗汉院沿革及双塔详细考证,参见刘敦桢先生的专文《江苏吴县罗汉院双塔》,《刘敦桢全集》第十卷,中国建工业出版社,2007年版。

楚始建是院于北苑东南，名曰般若，吴越钱氏改为罗汉院。国朝雍熙中，州民王文罕、文安、文胜重建殿宇及砖浮图两所，轮奂一新。"史料记载与遗址、遗迹对照，大殿建于北宋太平兴国七年（982年），与双塔同时应是无疑的。

刘敦桢据王謇《宋平江城坊考》卷二引《宝铁斋金石文字跋尾》："双塔寺石柱题字，在大殿东、西两柱，雕镂精工，遍刻人物花草，为人摩挲，其光可鉴。东柱下莲瓣内题刻云：'宋宁男居厚卿、陈文炳置柱，保安家眷，庄严福惠'等二十四字。四行，行六字，正书。西柱下镌：'舍钱壹百贯文足'一行，正书，无年月姓名，与东柱题名出一人之手。楷法端劲，有颜柳风骨。相传为雍熙中王文罕建塔时所立，似属可信。"1935年刘敦桢勘察该殿时，此前檐当心间二柱"倒卧地上，未能查出上项铭记，但依雕刻式样判断，此殿当心间二柱确系宋代遗物"[一]。然1954年清理大殿遗址时，此二柱上未寻见题字，或经长年风蚀而漫漶而不辨。

据文献记载，南宋绍兴及明代嘉靖和万历年间，塔、殿屡有修缮。清咸丰十年寺毁后，至1954年，苏州文物部门清理大殿遗迹。1980年，恢复大殿台基。1996年，罗汉院双塔及大殿遗址获批为第四批国家重点文物保护单位。罗汉院大殿是江苏省目前唯一作为文物保护单位的宋代建筑遗迹。

2. 早年遗址考察

罗汉院内现存北宋遗迹有双塔与大殿遗址。双塔为七级仿木楼阁式砖塔，东西对峙，塔北中轴线上为大殿遗址。

早年关于罗汉院的考察，主要有刘敦桢与陈从周二人。刘敦桢曾多次考察罗汉院，先是1935年8月与9月两次，1936年又作第三次考察，并撰有专文《江苏吴县罗汉院双塔》，然一直未刊，直至2007年编辑出版《刘敦桢全集》时收入于第十卷；1936年夏的考察记录《苏州古建筑调查记》，发表于1936年9月出版的《中国营造学社汇刊》第六卷第三期。

《江苏吴县罗汉院双塔》一文，主要探讨寺院沿革与双塔形制，部分涉及大殿内容，对大殿遗迹状况作有记录。而《苏州古建筑调查记》中，罗汉院只是其考察内容之一，关于大殿仅数行文字，两文对大殿形制皆未作具体分析。

1954年冬，陈从周受江苏省文化局及苏州市园林古迹修整委员会委托，为双塔修缮工程拟定计划，同时整理大殿遗址，并于1957年发表大殿遗址调查报告《苏州罗汉院正殿遗址》[二]。陈从周此次对罗汉院大殿遗址整理的内容为：刨除积土，清理遗址，并复位散乱构件，从而能够较清晰地了解大殿遗址的平面关系。调查报告简述大殿遗址状况及平面形式，为建筑史研究提供了一份宝贵的资料。

3. 遗址状况

罗汉院的伽蓝整体遗迹早已不存，目前地面所见建筑遗迹，仅有双塔及大殿遗址。双塔除了底层副阶无存外，其余整体上保存尚好；塔北近20米处为大殿遗址，毁于1860年兵火，此后遗址屡遭破坏，不仅构件缺失损毁，遗址扰动变化也较大。尚存部分台基痕迹，以及散布有石柱、石础等石构件若干。

关于早年遗址状况，根据1935年刘敦桢的考察记录，大殿遗址方形，心间南面有月台痕迹，遗址存石柱16根，石础30个，石门限1条。16根石柱中，立于原位者仅4根，余倒伏于地。

现存关于大殿的早期旧照有1860年英法联军随军摄影师拍摄的照片[三]，摄于大殿毁于兵火后不久（图1）。老照片尽显罗汉院沧桑，照片中在大殿荒芜的遗址上仍可见8根立柱。然此后几十年间，在1935年刘敦桢调查时，立柱又倒伏了4根；石础位于原位可见者也仅11个，以及石门限位于前檐当心间处（图2）。

1954年秋，苏州文管部门组织修缮东塔，并在陈从周指导下，清理大殿遗迹，复位石柱、石础等构件（图3）。1980年，再次维修塔体，并恢复大殿台基。

[一] 刘敦桢：《江苏吴县罗汉院双塔》，《刘敦桢全集》第十卷，中国建工业出版社，2007年版。

[二] 陈从周：《苏州罗汉院正殿遗址》，《同济大学学报（自然科学版）》1957年第2期。

[三] 摄影师费利斯·比托（Felice Beato），19世纪20年代出生于意大利，后加入英国国籍。1860年第二次鸦片战争期间，作为战地摄影记者随英法联军来到中国，拍摄了大量战争场景，同时记录了中国南北方许多城市、园林和古迹，苏州罗汉院即其中之一。

图1 罗汉院大殿遗址旧照（1860年）

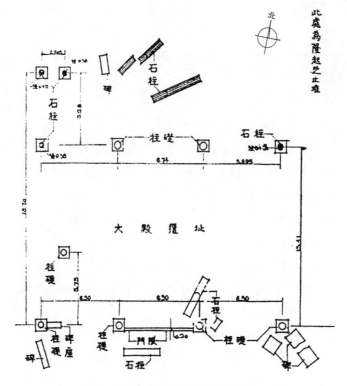

图2 1935年罗汉院大殿遗址平面图
（刘敦桢《江苏吴县罗汉院双塔》，《刘敦桢全集》
第十卷，中国建筑工业出版社，2007年版）

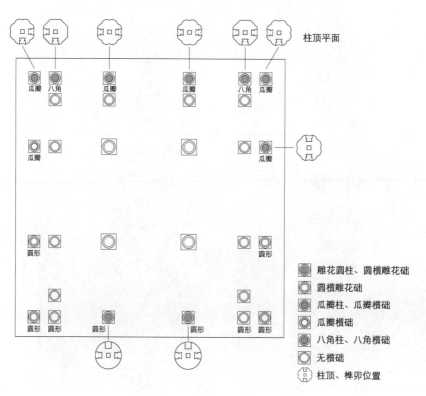

图3 1954年罗汉院大殿遗址清理复位平面图

1954年对大殿遗址所做的清理及石柱石础的复位，因未及做深入分析，大殿遗址部分构件的复位或是有问题的。如部分石柱、石础的位置关系、组合关系、榫卯对应关系等，都存有一些明显差错。而这种差错，有可能干扰遗址残存状况，影响后人对遗址信息和大殿形制的认识。

　　大殿遗址现状所见石柱、石础排位，基本上就是1954年和1980年两次清理复位和修复以来的结果（图4）。其基本状况是排布柱础30处，立柱9根，前、后檐石门限2条。1954年清理复位后的遗址现状，与1935年刘敦桢的遗址考察记录之间，在柱、础位置、形式及数量等方面，是有部分差别的。本文关于遗址现状的认识，主要参照上述两次的考察记录，作综合的分析。

　　目前所见遗址现状石柱、石础的排列，甚为特异，平面柱网形式扑朔迷离，但大致表现为平面正方形，面阔五间、进深三间的形式。根据遗

图4　罗汉院大殿遗址现状鸟瞰

存石构件样式的分析，大殿遗址现存石柱、石础是典型的宋式做法，遗址特征吻合于文献记载，表明大殿遗址应为北宋太平兴国七年（982年）重修之大殿，与东西砖塔年代相同。作为北宋初期的佛殿遗迹，罗汉院大殿在江南地区年代最早，较宁波保国寺大殿（1013年）尚早31年，较角直保圣寺大殿（1073年）早91年。

建于北宋初太兴国七年（982年）的罗汉院大殿，上距吴越国灭亡的978年仅四年，可以认为是一座地道的吴越木构佛教建筑。

二 大殿平面形式分析

1. 遗址现状特点

自清末大殿损毁以来，遗址破坏严重，扰动变化较大，构件缺失残损及混杂，现状平面形式已不真实和完整。然毕竟遗址尚存，且保存有较多石构件，为认识大殿原初形制，提供了重要的依据。通过遗址现状及柱础复位，隐约可见大殿平面的一个大致形式。

从遗址现状柱础位置的排布来看，大殿平面柱网布置奇特，推测1954年柱础复位的正误交杂，是现状平面柱网形式奇异的一个原因；另一方面这也可能显示了此殿平面形制的特殊性。因此有必要对平面形式作进一步的推敲和探讨，并以平面形式的线索，推析大殿间架形制的特点。

大殿平面形式的分析，首先从谜一般的现状柱网平面入手，分辨探讨可能的柱网形式。依据1957年发表的大殿遗址调查报告《苏州罗汉院正殿遗址》。罗汉院大殿平面形式现状及开间尺寸整理如下。

前檐面阔五间，通面阔18.2米，心间6.30米，次间4.30米，梢间1.65米。

侧向进深三间，通进深18.2米，中间7.23米，前间5.75米，后间5.22米。

根据实测数据，大殿平面为18.2米×18.2米的正方形式[一]。

平面趋近正方是江南中小型殿堂的多见形式。现状遗址平面上共有30个柱础柱位，在柱网布置上，其中心为四内柱形式，与江南方三间厅堂通常的平面形式相同。然现状柱础布置的特点在于，其中心四内柱外，还有两圈不规则柱网，形成面阔五间、进深三间的平面形式。且根据现状测量尺寸，外圈梢间尺寸较小。据此推测，大殿有可能是殿身三间、副阶周匝的形式。

罗汉院大殿的现状柱础排列形奇异，除了后世扰动、误置的可能性外，应还反映有其不同于他殿的特色。

2. 平面形式分析

基于上述遗址现状特色，并根据江南北宋以来方三间厅堂的间架形式特征以及其他综合线索分析，初步推定罗汉院大殿间架的基本形式，应是殿身面阔三间、进深三间八椽、副阶周匝、厦两头造的形式。方三间八架椽屋的构架形式，是江南五代北宋以来中小型厅堂不变的定式。

根据遗址平面柱网形式与尺寸特点，进而推测大殿侧样的基本形式。在先不考虑间架的特殊变化的情况下，其殿身八架椽屋的构成，应是前后乳栿用四柱的对称构架形式。以此推析的间架构成形式，与遗址柱网平面基本吻合，但有以下几点问题有待推敲。

其一，在对称型间架上，进深前后间尺寸本应相等，然据遗址柱础测量尺寸，后间略小于前间，约相差50厘米。考江南北宋以来厅堂建筑构架侧样形式，除对称型的2-4-2间架形式外，还有一种非对称型的3-3-2间架形式。然大殿进深上中间远大于前后间，且前后间相差仅50厘米，远小于一椽架大小，故其间架配置不可能是非对称型的3-3-2间架形式。推测现状进深前后间尺寸的略为不等，是因遗址遭破坏扰动和移位所致，原初应前后间相等。因此，根据大殿进深上三间的比例关系，可以认为大殿构架必为对称型的2-4-2间架形式。

其二，遗址平面现状，面阔五间、进深三间的柱网形式甚为特异。仔细勘察和分析副阶石柱、石础形式、尺寸、纹样以及榫卯关系，可知现状副阶前后檐的梢间内柱，原初并不存在，现柱是后世遗址混杂及1954年遗址整理复位时所误置之柱。故现状总体的面阔五间，实为面阔三间的形式。也就是说，大殿的柱网平面形式，应为殿身方三间并周匝方三间副阶，每面见四柱，总规模仍为方三间的形式。

关于副阶开间形式，通常通过设立与殿身角柱对位的副阶柱，增出副阶两梢间。故而相对于殿身三间，副阶则为五间的形式。而不设与殿身角柱对位的副阶柱，副阶开间数与殿身相同的平面柱网形式，在早期小型佛殿上所多见，且在殿身柱网关系也有此特点（图5）。现存江南宋元遗构中，副阶多为后加，罗汉院大殿及时思寺大殿是仅见带副阶的两例。而时思寺大殿平面柱网亦为殿身三间周匝副阶三间这一形式，与罗汉院大殿相同（图6）。

[一] 关于大殿遗址平面尺寸，1935年刘敦桢先生考察记录的尺寸为：18.9米×18.7米，且认为大殿平面为正方形式，这与1954年陈从周先生考察测量的尺寸及现状略有差异，其间因遗址的扰动等原因，测量尺寸数据的失真是相当严重的。

71

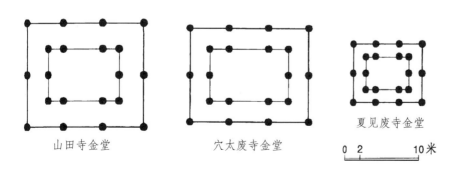

山田寺金堂　　　　穴太废寺金堂　　　夏见废寺金堂

0　2　　　　10米

图5　日本早期小型佛殿平面柱网形式

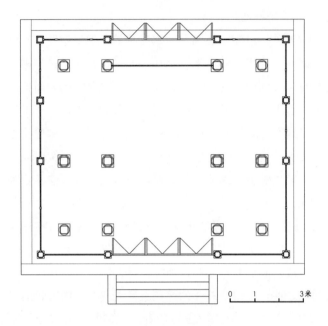

0　1　　　　3米

图6　时思寺大殿平面图

其三，根据现状柱础和柱位分布特点，大殿殿身前后檐柱的配置颇具特色，即殿身后檐用四柱，而殿身前檐则减去心间两平柱。综合整体构架特征分析，推测大殿为前部减柱的特殊构架形式，类似于晋祠圣母殿形式，详见后文分析。

与陈从周的大殿实测数据18.2米×18.2米相比较，笔者所测大殿整体尺寸为18.23米×18.23米，十分接近于陈从周的实测数据，但诸缝开间尺寸数据则显零乱，不完全相合。由于大殿遗址后世扰动较大，且在遗址散乱构件清理复位过程中，基于诸多不定性因素，位置的偏移和变动，都是不可避免的。以遗址现状柱网而言，同一开间的诸缝尺寸数据亦多有差异，并非陈从周所提供的简单开间尺寸数据可涵括。下文关于开间尺寸数据的梳理和分析，即根据笔者自测诸缝

尺寸数据，并结合江南间架的尺度配置规律，进行推算和整理。

根据以上分析，大殿遗址平面形式与尺寸，初步推算整理如下。

面阔

副阶三间，通面阔18.23米，心间6.35米，两次间5.94米，深1.67米。

殿身三间，通面阔14.89米，心间6.35米，两次间4.27米。

进深

副阶三间，通进深18.23米，中间7.27米，前后间5.48米，深1.67米。

殿身三间，通进深14.89米，中间7.27米，前后间3.81米。

罗汉院大殿规模：殿身方三间，14.89米×14.89米，总体方三间，18.23米×18.23米。

从大殿遗址现状平面分析上，我们可以

得到如下几点初步认识：

（1）构成上应有周匝副阶，整体为殿身方三间带副阶形式；

（2）副阶开间为每面三间形式，相应于殿身角柱的正侧两缝上，无对位副阶柱；

（3）对称性构架，殿身构成应为八架椽屋前后乳栿用四柱的形式，即2-4-2间架形式；

（4）平面应有26个柱位，其配置为里外三圈柱子的形式。最内一圈为4内柱，中间一圈为殿身檐柱10根，外圈为副阶柱12根；

（5）根据现状柱网形式分析，大殿殿身前檐减两平柱，前檐有可能为特殊的构架形式；

（6）正方形的平面形式及相应的厦两头造的构架形式；

（7）江南传统的以四内柱为中心的井字构架形式。

基于以上平面形式分析，大殿空间围合形式的推定，主要取决于以下两点的讨论：其一，是否前廊开敞形式；其二，副阶与殿身的空间围合关系。相应于上述两点的空间围合特征，大殿复原平面有如图三种可能的形式（图7）。

关于罗汉院大殿形制复原的分析和认定，根据遗址残存构件形式及痕迹的考证分析，是唯一可靠的方法与线索。也就是说，大殿形制所有确凿的复原依据和线索，皆来自于残存石构件的形式和遗痕。基于这一方法

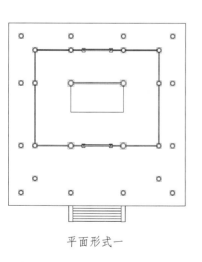
平面形式一

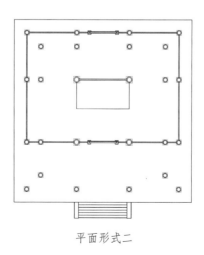
平面形式二

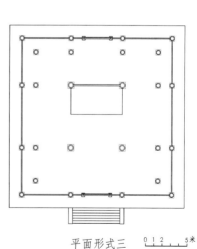
平面形式三

0 1 2　　5米

图7　大殿平面形式的复原分析

叁·奇构巧筑

和线索，上述三种可能的平面形式，最终认定为第三种平面形式，即副阶整体围合的形式，详见后文分析。

以上只是关于大殿平面形式、构架特征以及开间数据的大致推析，由于遗址现状扰动变化较大，故平面柱网尺寸的分析和确认，还需结合正侧样间架形式的分析，作进一步的分析和推敲。

三 大殿间架形式分析

1. 正侧样间架形式

前节平面形式的分析，实际上已综合了间架侧样内容的考虑，即根据平面与间架的对应关系，推定大殿殿身间架侧样为三间八椽，前后乳栿用四柱的对称构架形式。进而，根据副阶深1.67米的尺度推析，可知殿身周匝副阶应为一椽架形式。

殿身间架正样形式，主要决定于转角椽架与两山构架。基于方形平面的大殿正样形式应有如下两个特色：其一，厦两头做法，转角椽架对称相等；其二，厦两架形式，两

图8　华林寺大殿厦两架形式

山构架应同于江南宋元方三间厅堂的一贯传统，即其厦两头构架的披厦深度，自檐柱向内两椽架的形式。

大殿两山构架的具体形式，根据时代相近的保国寺大殿推析，应于次间中部的山面下平槫分位设山面梁架，以增大纵架出际尺度。此外，根据殿身面阔次间与进深前后间的尺度差，即面阔次间大于进深前后间约48厘米这一特征，可推知山面厦两架的里架承椽方位置，应位于主缝梁栿外约48厘米处，其形式类似于保国寺大殿与华林寺大殿（图8）。

2. 前廊侧样形式

根据平面柱网形式上殿身前檐减心间两平柱的形式，自然地令人想象大殿前廊侧样构架形式为进深两间的敞廊形式，其构架做法与空间形式或类似于晋祠圣母殿前廊形式。

推析大殿前檐构架形式，其前廊空间应为三椽架形式，即殿身前间两椽架加上副阶一椽架，殿身前檐心间所减两平柱，落于前廊的通跨三椽栿上，其减柱构架形式与晋祠圣母殿相似（图9）。前檐构架减柱做法，罗汉院大殿在年代上要早于晋祠圣母殿。江南类似之例，还见有同地的苏州文庙大殿，其殿身前檐明间两平柱不落地，柱脚立于前檐副阶柱与殿身前内柱间的三椽栿上，与罗汉院大殿完全相同（图10）。前檐减柱做法应是江南自宋以来厅堂构架及空间形式的一个特色，受江南建筑影响的日本中世禅宗样佛堂上亦见其例，如广岛不动院金堂等。

前廊开敞作为佛殿的早期形制，于南方宋代佛殿上普遍沿用，根据罗汉院大殿前檐所用雕花柱础，看似也倾向于前廊开敞的形

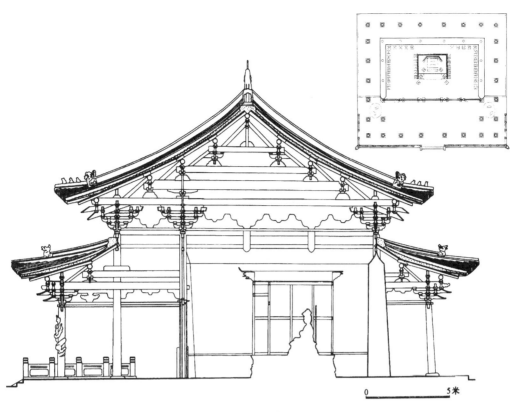

图9 晋祠圣母殿心间横剖面图

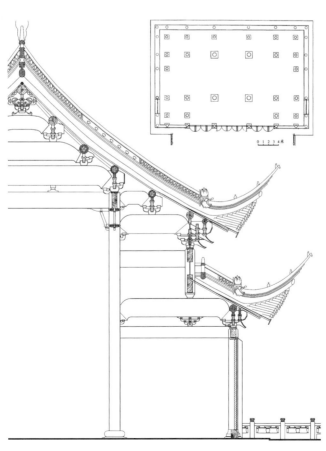

图10 苏州文庙大殿前檐剖面图

参·奇构巧筑

式特征。然进一步根据遗存石柱、石础的痕迹分析，大殿前廊并非开敞的形式，而是沿副阶周圈围合的空间形式。其证据是前檐副阶雕花石柱柱身的雕花纹样至两侧柱缝处中断，留出竖向条状素面，宽约12.5厘米（图11），其柱础的雕花覆盆部位，同样在对应柱缝处留出素面，宽约17.5厘米（图12），此雕花柱、础侧面所留素面，显然是为安装立颊及地栿所设。因此，大殿无疑应是副阶封闭的空间形式，而不可能是前廊开敞的形式。现状石门限位置也证实了大殿副阶封闭的空间特征。大殿形制复原分析上，遗存痕迹是推测原状的重要线索。

3. 间架尺度分析

在前节分析推定的大殿间架形式基础

上，进一步推析大殿间架尺度设计的方法和特色。

由于遗址破坏严重，柱础的扰动和移位显著，经1954年清理的大殿础位现状，大多只有位置的意义，而尺寸的意义则不足，这是大殿平面尺度复原的一个难题。因此本节关于大殿间架的尺寸复原分析，注重的是把握间架的基本尺度关系。

以殿身进深三间实测尺寸折合椽架平长，进深前后间3.81米，椽架平长1.905米；进深中间7.27米，椽架平长1.82米；副阶椽架平长1.67米，大殿殿身椽架平长匀称且有变化，副阶椽长明显小于殿身椽长。

江南现存方三间厅堂椽架尺度的分析表明，其八架椽屋的椽架配置上，两种椽长的

图11　副阶雕花石柱柱身两侧条状素面
（前檐心间西柱东侧）

图12　副阶雕花柱础覆盆两侧素面
（地栿位置）

组合方式是其不变的定式。且相应于江南3-3-2与2-4-2这两种间架形式，形成特定的椽长组合形式，即：AAA-BBA-AA与BB-AAAA-BB，A、B分别代表两种不同的椽长，且B＞A。这一椽长配置规律，成为大殿间架尺度分析的一个线索和指引。在推定大殿侧样2-4-2间架形式的基础上，试复原其间架设计尺度，并分析比较椽架配置的尺度关系。

首先，基于上述江南八架椽屋两种椽长配置的前提设定，大殿殿身八架椽屋的椽长配置应表现为如下的构成模式。

BB-AAAA-BB：A、B分别为两种椽长，且B＞A

进而以实测数据推算椽长尺度，两种椽长分别为A＝6.0尺，B＝6.25尺，营造尺约为30.3～30.5厘米。此约略推算的营造尺长，吻合于宋初尺长特征。

遗址现状的扰动变化及柱础移位，对间架尺度分析必然有相应的影响，但在江南厅堂椽架尺度构成规律的映衬下，其尺度取值的倾向还是较为明显的。对于现状扰动移位严重的遗构、遗址而言，间架尺度关系的重要性，远大于测量数据的细微变化。

从江南厅堂构架设计的角度而言，间架关系在先，尺度关系在后，且二者互动相关。基于椽长尺度的分析推算，相应的殿身进深间广则为椽长的叠加，其进深三间设计尺寸分别为：

12.5尺＋24尺＋12.5尺

再以上述推算营造尺权衡大殿殿身正样实测数据，面阔三间设计尺寸推算为：

14尺＋21尺＋14尺

一椽架的周匝副阶尺度，依实测值1.67米推算为5.5尺，营造尺约30.4厘米。

罗汉院大殿平面开间设计尺度的分析推算归纳如下。

殿身进深：12.5＋24＋12.5＝49尺

殿身面阔：14.0＋21＋14.0＝49尺

殿身规模：49尺×49尺

副阶侧面：18.0＋24＋18.0＝60尺

副阶正面：19.5＋21＋19.5＝60尺

总体规模：60尺×60尺，副阶进深5.5尺

再以大殿遗址总体平面实测数据18.23米×18.23米，折算复原尺度60尺×60

尺，营造尺约为30.4厘米，此推算值或较接近于实际营造尺长。

在开间形式上，殿身与副阶同取三间的形式，是大殿构架形式的一个显著特征。实际上这也是早期三间小殿的常见形式，且多表现为一椽架的小尺度副阶做法。罗汉院大殿正是如此。从尺度构成关系来看，大殿副阶通过取一椽架的形式，减小副阶尺度，其目的在于整体开间比例关系上，即以此方法，使得副阶三间的尺度关系上，次间尺度不超过心间尺度。在副阶一椽、5.5尺的配置下，大殿副阶面阔的21尺心间略大于19.5尺的次间1.5尺。开间比例关系的这一因素，应是大殿面阔心间取21尺大开间的一个原因。另一方面，在大殿整体尺度设计上，正是通过间架尺度的精细配置，达到地盘平面正方形的目的及形式追求。

江南方三间厅堂间架构成上趋近正方的形式特征，是宋元以来的一个追求和演变趋势。宋构保国、保圣二殿上，进深略大于面阔的尺度现象，在元构天宁寺大殿上，已演变为完全正方的构成形式。且这一演变过程，是通过调整、配置朵当与椽架的尺度关系而达到的。而罗汉院大殿则显示了这种间架尺度精细配置的设计方法，有可能在宋初就已经存在。

四　遗存构件的线索与分析

罗汉院大殿的复原分析上，遗存石柱和石础，是最直接和可靠的实物依据和分析线索。在上节推定大殿间架基本形制的基础上，以下再从遗存柱、础构件的梳理和分析入手，辅以痕迹解析的方法，在形制、尺度、构造等方面，作细节的推敲和进一步的考证。

1. 构件形式的梳理与分辨

大殿遗存构件主要为石柱、石础两种，另有石门限两件。石柱形式有圆形、瓜瓣形和八角形三种，装饰上则有雕饰与素面之分。

大殿柱础全部为覆盆柱础形式，其变化有二：一是装饰做法的不同，二是带櫍与否的区别。首先由覆盆上带櫍与否这一特征，可区分出副阶柱础与殿身柱础，即带櫍者皆为副阶柱础；进而副阶柱础之间又有装饰做法的区别，具体有两点：其一是覆盆的雕饰与素面之别，其二是櫍形的变化，即相应于柱形有圆形櫍、瓜瓣櫍和八角櫍这三种（图13）。

大殿遗址柱、础形式，种类繁多杂乱，既有样式形制的不同，又有装饰繁简的区别，还有尺寸大小的差异。然其是否皆为宋构原物，是有疑问的。因此，根据石构件的形制、尺寸、材质及痕迹等线索，进行比较和分辨，以剔除后世混杂构件，从而为大殿形制的复原提供可靠的依据。

通过构件形制的比较分析可知，其一，所有石柱皆为副阶柱，内柱应为木柱形式，现皆已不存；其二，整石雕出的带櫍石础，皆为副阶柱础，殿身柱础应为石覆盆上设木櫍的形式[一]。也就是说，遗址所存所有石柱及带櫍石础，其位置皆为副阶柱、础。

基于以上分析，对多样混杂的遗存柱、础，作进一步比较和分辨。遗址现场三种柱型如下（图14）。

圆形櫍柱础　　　　　　　瓜瓣櫍柱础　　　　　　　八角櫍柱础

图13　遗址残存三种覆盆带櫍柱础比较（1935年）

柱型一：圆形柱、础　　　柱型二：瓜瓣柱、础　　　柱型二：八角柱、础

图14　遗址现存三种柱型比较

柱型一：圆形柱，柱身雕饰纹样；柱础为覆盆加石櫍的形式，櫍圆形，覆盆雕卷草纹。

柱型二：瓜瓣柱，柱身素面瓜瓣；柱础为覆盆加石櫍的形式，櫍瓜瓣形，覆盆素面无雕饰。

柱型三：八角柱，柱身素面八角；柱础为覆盆加石櫍的形式，櫍八角形，覆盆素面无雕饰。

现状平面14根檐柱中，包括了以上三种柱型，其中圆形柱与瓜瓣柱各6根，八角柱2根。根据前节大殿平面形式的复原分析，大殿副阶檐柱应为12根，现状中多出的2根檐柱，应是后世混杂者，或1954年遗址清理归位时所误置者。且有理由认为，多出的2根檐柱应是2根八角柱。

1935年刘敦桢考察记录认为三种柱型中瓜瓣柱有可能为后世抽换者，推测是明代修缮时的抽换或加柱[二]。然通过现状石构件的详细勘察，两根八角柱并非宋构大殿原柱，大殿复原上应排除八角柱型的存在，其根据

[一] 外檐石柱并带櫍石础，内檐木柱并覆盆上设木櫍的做法，见于苏州另一宋构甪直保圣寺大殿。础櫍一体的石础做法，是江南宋代檐柱的通常形式。

[二] 1936年发表的刘敦桢《苏州古建筑调查记》，记三种形制石柱，其中"海棠纹石柱四处，柱身与柱石皆刻为十瓣，柱下部所雕花纹，极秀丽自然，惟刀法浅而平，颇类明代作风。岂此数柱乃明嘉靖间马祖重修大殿时所换置耶？"载《中国营造学社汇刊》第六卷第三期，1936年9月。

主要有如下五条。

（1）现状柱位特异。现状遗址上2根八角柱，位于后檐梢间的内柱位。而根据前节的复原分析以及相关柱的榫卯关系可知，一是此位置上不应有柱，二是八角柱的柱头卯口与此柱位不相符（见图4的柱顶平面）。

（2）柱头卷杀形式不合。八角柱的柱头卷杀形式，明显与雕花柱、瓜瓣柱不同，前者为显著的收分卷杀，后者仅柱顶边仅作小抹棱，柱头造型完全不同（图15）。

（3）柱头卯口的形式及尺寸不同。八角柱的柱头卯口及尺寸不同于雕花柱和瓜瓣柱。

（4）柱高尺寸不符。八角柱柱高尺寸与雕花柱和瓜瓣柱不符，作为副阶檐柱，柱高本应相同。

（5）柱径尺寸不同。八角柱的柱径明显小于雕花柱与瓜瓣柱，檐柱柱径应大致相同。

根据以上五条比较分析，在柱位、形制、尺寸、榫卯诸方面，雕花柱与瓜瓣柱较

为统一，而八角柱则与前二柱型显著不合，不相匹配，因此推定现状的两根八角柱非大殿宋构原柱。

根据上述分析可知，大殿原初副阶檐柱应为两种柱型，即前檐四柱与两山前柱为雕花柱，后檐四柱与两山后柱为瓜瓣柱。平面上12根檐柱分作两组，前半部6檐柱为雕花柱，后半部6檐柱为瓜瓣柱。此两种柱型皆以装饰性为特征，且以前置的雕花柱，更具装饰性，以此突出和强调大殿正面和前部的装饰效果。

再从檐柱外观的角度来看，如若三种柱型，则显得杂乱，故八角柱不可能是大殿原初之物，而应是后世混入或改造时加入者。

八角石柱虽非大殿原物，但这种柱型在江南宋代应也多见。如南宋苏州玄妙观三清殿下檐柱以及苏州弥罗宝阁（1438年）下檐柱，皆与罗汉院八角柱、础甚似。因此推测遗址2根八角柱与遗址后部散置的若干八角

圆形柱（平柱）　　　瓜瓣柱（角柱）　　　八角柱（平柱）

图15　三种柱型的柱头形式比较

图16　前檐心间残存石门限

柱残件为同一批构件，其时代迟于大殿，有可能是南宋或明初构件。

此外，遗址残存石构件中的两条石门限，位于副阶前后檐心间，根据形制与痕迹分析应也非大殿原初之物（图16）。其依据是：（1）门限制作粗糙，与相接雕花柱的精细相比，相去甚远；（2）门限与相接雕花柱不仅在交接形式上吻合不好，且在尺寸上亦不相合，门限高38厘米，宽21厘米，其宽度大于雕花础上所留素面宽度（17.5厘米），以致门限与柱、础交接时，遮盖了部分柱脚及覆盆花纹（图17）；（3）依门限门臼数，殿门分作六扇外开长窗形式，每扇净宽尺寸不足90厘米，非宋代大殿版门形式。由上述分析推知，石门限应是后世（明代）改造所替换者，原先有可能是木作门限。

图17　石门限与雕花柱、础的交接

2. 中心四内柱的构架形式

大殿柱网配置上，分作内外三圈柱网形式，最外为副阶檐柱，其次为殿身檐柱，最内为中心四内柱。中心四内柱的平面形式，是江南方三间厅堂平面不变的定式，在构架形式上，其对应和反映的是江南"井"字形构架形式。因此，罗汉院大殿中心四内柱形式，表明了其主体构架形式与江南"井"字形构架传统的一致和传承。

现存大殿中心四内柱柱础，为素面覆盆形式，区别于外檐柱础的覆盆带櫍的特点。四内柱覆盆上无连体石櫍，原初应为木櫍承木柱的形式，一如同时代、同地区的角直保圣寺大殿。

大殿中心四内柱柱础，在诸础石中尺寸最大，覆盆底径110厘米；顶径81.5厘米，磉石边长130厘米，按比例推测其柱径约60厘米，显著大于殿身檐柱与副阶檐柱的约50厘米直径。

江南宋元以来的方三间厅堂，对四内柱、础在形式、装饰和尺寸上加以强调，目的在于突出和强化四内柱的中心和主体的性质，罗汉院大殿四内柱柱础也表现了这一特色，且主要表现在加大尺度上。

3. 柱头卯口与阑额榫卯形式

柱头卯口是大殿石柱残存的主要节点和线索，对于大殿形制及构造复原具有重要的意义。上节即以柱头卯口的形式及尺寸差异现象，作为判定现状八角柱非宋构原柱的一个依据。

柱头卯口形式反映大殿柱额交接的榫卯形式。根据其卯口形式可知，大殿副阶柱头

卯口形式统一，其柱头与阑额的交接皆为带袖肩的燕尾榫做法。在现存实例中，柱额交接的燕尾榫做法，罗汉院大殿是较保国寺大殿更早之例，这一做法应是南方厅堂构架的典型构造形式，《营造法式》记为"梁额鼓卯"。而北方遗构中直至金元时期，柱额的燕尾榫做法仍极为少见，仍是早期的直榫形式。

罗汉院大殿副阶雕饰柱直径约52厘米，柱头略作收杀，阑额卯口高40厘米，宽12.4厘米，卯口带袖，深约11.5厘米。瓜瓣柱阑额卯口大致相同（参见图15）。

柱头榫与管脚榫做法，也是大殿柱、础构件的一个构造特点。大殿柱顶的柱头榫为方榫形式，榫长约6.5厘米，榫底约方8.5厘米，入至栌斗底的卯口内，以防止栌斗位移。柱顶柱头榫形式，目前所见唐构及北方宋构一般为圆榫形式，而江南所见为方榫形式，后世称作馒头榫，罗汉院大殿应是其早期之例。

大殿柱底的管脚榫为圆榫形式，仅用于副阶柱。大殿遗址石础中，唯副阶柱的带櫍柱础顶面存有圆形管脚榫的卯口，内柱础石上则无。比较《营造法式》石作及大木作相应内容，其础石上皆无卯口，柱脚平截，不作榫卯。

此外，大殿柱身浅凿的方坑，也是一个显著的遗存痕迹和构造现象，其形式表现为柱身上下凿有四至五个方坑（图18）。推测此柱身方坑有可能是为木骨泥墙的构造所设，即以柱身方坑固定泥墙中的木骨。木骨泥墙是南方唐宋以来普遍的柱间墙壁构造做法。

4.顺栿串做法

顺栿串作为顺栿方向上的柱间拉结构件，是宋代厅堂构架的独有形式。顺栿串的使用具有显著的江南地域性，以往认为保国寺大殿是现存使用顺栿串的最早实例，然遗存构件的分析表明，罗汉院大殿是较保国寺大殿更早的顺栿串使用例证。

罗汉院大殿的顺栿串使用，是通过柱头卯口形式而得以确认的。具体而言，大殿前檐雕花平柱的柱头三向卯口，是顺栿串使用的明证。三向卯口中的两侧鼓卯卯口为阑额卯口，内侧直榫卯口正是顺栿串卯口（图19）。在卯口尺寸上，两侧阑额卯口高度小于内侧顺栿串卯口，内侧顺栿串卯口高48.5厘米，而阑额卯口高度略小，约为40厘米。

根据石柱卯口，并结合遗存石柱的柱网分布，可判定大殿顺栿串的使用位置为前檐副阶柱与殿身前内柱之间。其他三面副阶柱与殿身檐柱之间则不用顺栿串。也就是说，罗汉院大殿的副阶顺栿串只用于前檐平柱位置上。推测其原因或与大殿前檐的减柱构架相关，即以顺栿串做法补强前檐的减柱构架。而其他三面副阶梁栿仅一椽架，无需用顺栿串。此外，由于殿身柱不存，故殿身檐柱与内柱，以及殿身前后内柱之间是否使用顺栿串则难以确认。但根据时代、地域相近的保国寺大殿及保圣寺大殿的顺栿串使用状况分析，罗汉院大殿殿身构架应也采用了顺栿串做法，即顺乳栿和顺四椽栿之串做法。

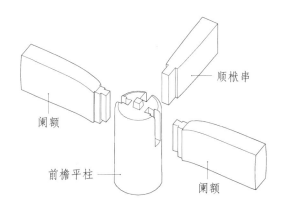

图19　罗汉院大殿前檐平柱柱头榫卯复原

阑额

顺栿串

前檐平柱

阑额

图18　大殿檐柱柱身方坑

大殿前檐顺栿串做法，在补强前檐减柱构架的同时，也压低了前檐的有效空间。根据遗存檐柱的测量分析，其顺栿串下皮高度为3.26米，与前檐宽敞空间相比略显不足。对于殿身空间低矮的江南宋构而言，顺栿串的最初使用，应首先出现在前后内柱间。随着宋元以后整体构架空间的提高，顺栿串的使用才普遍用于内外柱之间。

此外，遗址现存八角柱上也见有顺栿串卯口，然在形式、尺寸上与雕花柱的顺栿串卯口不同：雕花柱的顺栿串卯口为直榫，八角柱的顺栿串卯口为燕尾榫。这一现象进一步证实了八角柱与雕花柱非同殿构件，即八角柱非大殿宋构原物。

江南顺栿串榫卯做法，宋以后多演变为鼓卯的形式，如遗址现存八角柱的顺栿串鼓卯形式，稍晚的保国寺大殿顺栿串则作镊口鼓卯形式。然而，后世仍见顺栿串取直榫形式，如浙江慈溪伏龙禅寺现代重建佛殿，其檐柱三向榫卯做法，工匠仍取的是阑额鼓卯、顺栿串直榫的形式，与罗汉院大殿完全相同，千年传承不变（图20）。

五　江南佛殿形式的比较

1. 地盘、侧样、构架

迄今关于江南宋元佛殿基本形制的认识，基于有限的几个遗构，大致可归纳以下几点：方三间、八架椽，厦两架、"井"字形厅堂构架、不减柱、无副阶、大尺度心间等。而罗汉院大殿遗址则提示了江南宋代方三间厅堂形制另外的新信息，如副阶形式、

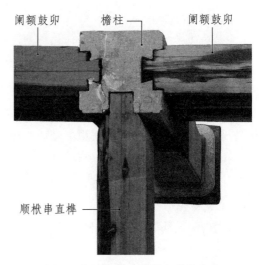

图20　浙江慈溪伏龙禅寺现代重建佛殿檐柱柱头榫卯形式

（标注：阑额鼓卯　檐柱　阑额鼓卯　顺栿串直榫）

减柱做法等。

关于副阶做法，虽江南现存宋元方三间遗构，都是不带副阶的形式，然罗汉院大殿的副阶做法应是可以确认的。在带副阶做法上，罗汉院大殿与东西塔是相同一致的。东西塔底层原初皆设有周匝副阶，现已不存，然塔身留有曾经的副阶痕迹。罗汉院大殿是南方厅堂带副阶的少见之例，比较《营造法式》殿阁与厅堂做法，厅堂是不带副阶的，副阶属殿阁所有，具有等级的意味。

关于前廊空间处理，浙江的保国寺大殿与苏州的罗汉院大殿，具有明显的差异。前者开敞，后者封闭，在前廊礼佛空间的处理上，年代稍晚的保国寺大殿却表现出较早的时代特色。

减柱做法在江南厅堂构架上甚为少见，且只是用于副阶与殿身构架关系的处理上，而不减殿身内柱，罗汉院大殿是一早期之

例，后期则见于苏州文庙大殿（明代），此二例减柱做法相同，都是减去殿身前檐两平柱，以通跨三椽栿的形式，形成前檐副阶与殿身前槽空间相融的深三椽复合空间。

根据复原平面的开间形式，大殿殿身转角的两向开间非正方形式，即殿身面阔次间14尺间广，略大于进深前后间12.5尺间广1.5尺，故转角做法中长两架椽的角梁尾与中平槫的交点，应位于平柱缝外侧1.5尺的45度分位上。而关于山面梁架位置（系头栿分位），参考同时期江南宋构做法，应位于两山下平槫分位。

罗汉院大殿的厦两头做法，应与江南同期诸宋构如保国寺大殿、保圣寺大殿及华林寺大殿基本相同，即山面两厦深两架的形式，且在山面间架与两厦构架关系上，尤与华林寺大殿相似（图21）。

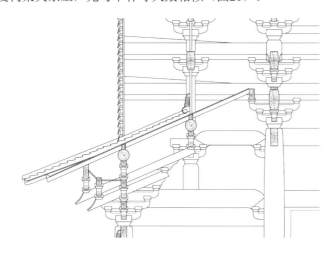

图21　大殿两山厦两架构架复原图

2. 尺度分析与比较

（1）江南北宋三殿的尺度比较

江南北宋三构保国寺、保圣寺与罗汉院三殿，间架规模相同，尺度上亦相近。首先在平面尺度上，保国寺大殿（39尺×44尺）与保圣寺大殿（42尺×43尺）基本相当，二构当心间也皆为19尺；而罗汉院大殿的尺度则远大于前二者，其原因在于包括了副阶尺度在内。罗汉院大殿平面总尺度60尺正方形式，当心间21尺。除去副阶5.5尺后，殿身尺度为正方49尺。这一尺度仍略大于保国与保圣二殿，其原因在于大殿大尺度的当心间21尺。

概括而言，江南北宋三殿间架规模相同，殿身尺度相当，罗汉院大殿尺度略大，且主要是大在心间尺度上。三殿当心间实测值、复原尺度比较如下（按年代顺序）：

苏州罗汉院大殿（982年）：心间6.35米—21尺，殿身49尺×49尺

宁波保国寺大殿（1013年）：心间5.81米—19尺，殿身39尺×44尺

甪直保圣寺大殿（1073年）：心间5.85米—19尺，殿身42尺×43尺

三构推算营造尺在30.3～30.8厘米之间。

（2）正方形间架的尺度设计

正方形构成是罗汉院大殿间架尺度设计上的一个显著特征，显示了大殿间架尺度的精细配置及其设计意图。

江南方三间厅堂间架构成上趋近正方的形式特征，是宋元以来的一个追求和演变趋势。宋构保国、保圣二殿上，进深略大于面阔的尺度现象，在元构天宁寺大殿上，已演变为完全正方的构成形式。且这一演变过程，是通过调整和配置朵当与椽架的尺度关系而达到的。而罗汉院大殿则显示了这种间架尺度精细配置的设计方法，有可能在宋初就已经存在。

另一方面，罗汉院大殿正方构成形式的一个主要因素在于当心间的增大，而这与殿身三间和副阶三间的尺度互动相关联，即通过增大当心间尺度，令副阶当心间21尺略大于次间19.5尺，同时取得殿身心间与次间相等的朵当尺度（7尺）。

罗汉院大殿的正方形间架，是通过正侧样的朵当配置与调节而达到的。

大殿殿身面阔心间21尺，补间两朵，朵当7尺；殿身次间14尺，补间一朵，朵当7尺。殿身面阔朵当等距，已有明显的朵当求均的意识。大殿殿身面阔计7朵当，等距7尺，殿身总面阔计49尺。

殿身进深中间应为补间三朵，朵当6尺，与中间椽长对应；进深前后间补间一朵，朵当6.25尺，与前后间椽长对应。进深中间与前后间朵当不匀值为0.25尺，朵当基本匀置。大殿殿身进深八朵当对应八椽架，4个6尺朵当加上4个6.25尺朵当，殿身总进深计49尺。

大殿殿身尺度49尺×49尺，加上副阶深5.5尺，总体60尺×60尺。

（3）罗汉殿大殿石柱高度

关于罗汉院大殿的高度，现存石柱是仅有直接资料。且石构尺寸相对稳定，应是可靠和准确的。柱高尺寸包括柱身高度与柱础高度这两个部分。根据遗存构件实测分析，副阶柱础高度在240毫米左右。

在遗址现存整柱中，排除两根八角柱，另有雕花柱2根，瓜瓣柱5根。其中较完整的石柱（包括拼接柱）6根，即前檐两平柱（雕花柱），后檐两角柱和两平柱（瓜瓣柱）[一]。分析此六柱实测柱高数据，高度并不一致，其数值大致可分为两组，即前檐西平柱、后檐两角柱三柱，柱高（包括柱础）实测值在3755毫米左右；前檐东平柱、后檐两平柱三柱，柱高（包括柱础）实测值在4155毫米左右；两组数值相差400毫米左右。

现状遗存副阶石柱高度的参差，是一个令人疑惑的问题。分析其原因或在如下几个方面：一是石柱可能的残损缺失，尤其是柱

脚部分难以分辨；二是残柱拼接有误；三是后世抽换改造；四是其他石柱的混入。刘敦桢先生1935年考察时，遗址上仅4根立柱，其后至1954年陈从周先生清理遗址时，立柱应已全部倒伏，现状遗址上的7根立柱，都是后来根据倒伏的散乱残损石柱，重新拼接、竖立的。在石柱清理复位过程中，其位置及拼接的错误是可以想象的。基于以上情况分析，选择相对可靠的前檐2根雕花柱为基准和依据，分析推定原初柱高设计尺寸。

现状前檐心间两平柱为较完整的雕花石柱，两柱柱头卯口保存完好，柱脚如意纹亦完整，然而两柱的现状高度却差异明显，相差410毫米，两柱现状尺寸应有一误。仔细勘察二柱，西平柱柱身完整、无拼接；而东平柱柱身三段拼接，且上段拼接的雕花纹样略有不吻合之处。因此推测东柱的拼接有误，三段残件或非同柱。基于这一分析，我们取柱身完整的前檐西平柱作为大殿檐柱柱高的标准。

大殿前檐西平柱的雕花柱，柱身高3510、直径518、础高235、总高3745毫米，高度相近的同组后檐两角柱（瓜瓣柱）高分别为：

西北角柱：柱高3515、直径465、础高240、总高3755毫米。

东北角柱：柱高3660、直径481、础高205、总高3865毫米。

角柱较平柱略高，差值为110毫米，推测其中或含有角柱生起的因素。

以推算营造尺长，权衡大殿前檐西平柱高3745毫米，考虑到柱的残损与误差，柱高复原尺寸为12.5尺。

副阶檐柱高12.5尺与当心间21尺相比，当心间立面呈扁方比例。比较江南北宋三殿的柱高尺寸，罗汉院大殿檐柱高度与保国、保圣二殿大致相当，大殿檐柱高度12.5尺为副阶檐柱尺寸，较无副阶的保国、保圣二殿檐柱高度14尺，略小1.5尺。按宋构上下檐的柱高尺寸比例关系，大殿殿身檐柱高度应在21尺左右。

江南厅堂建筑的高度，北宋时期较为低矮，至南宋、元代之后，不仅开间趋大，整体高度亦显著升高，如元构金华天宁寺大殿檐柱高度已达17.5尺（532厘米）。

（4）用材尺寸分析

用材尺寸是大殿尺度分析的重要内容。然在木作斗栱无存的情况下，用材尺寸的复原缺少直接依据，故只有根据间接关系及一般规律，作相应的推测分析。

根据遗构分析以及既往研究成果，江南宋构在开间、朵当及用材的构成

87

[一] 另有东檐后柱，柱头完整，然柱高明显不足，柱脚应有残损。

上，大致存在着如下的尺度关系：心间补间铺作两朵，次间补间铺作一朵，朵当尺寸大致与10材相当。依此尺度关系，推析大殿用材尺寸和等级。

大殿殿身面阔心间21尺，补间铺作两朵，次间14尺，补间铺作一朵。心间与次间的朵当等距，皆为7尺。按朵当与10材相当的尺度关系推算，大殿用材为7寸，大致与《营造法式》四等材相当。相对于大殿的性质及规模，7寸材是一合适的用材尺寸，并与保国寺大殿用材相同，二者同为7寸材形式。按各自的复原营造尺折算实际长度，罗汉院大殿7寸材较保国寺大殿7寸材略小，罗汉院大殿为21.2厘米，保国寺大殿为21.4厘米。

3. 样式比照与推析

关于罗汉院大殿的样式分析，除柱式之外，别无其他直接依据。可参照的主要间接资料有三：一是同寺的宋代双塔样式；二是地域相近的宋构保国寺大殿和保圣寺大殿，以及江南遗存的宋初石塔；三是《营造法式》。借助上述线索，大殿样式形制可略作追寻求证，且主要局限于大木作部分。

首先，根据遗存石柱柱顶榫头长度分析可知，大殿柱顶不用普拍枋构件，为柱头直接坐栌斗的形式。其次，根据大殿间架特征及其尺度关系，其铺作分布也是可以推知的。大殿殿身屋架举折，按宋式做法，举高取3.6举1的形式。关于大殿铺作形式，殿身取六铺作，单抄双下昂形式，扶壁单栱素方交叠，出跳单栱，柱头华栱足材，补间华栱单材，单材7寸；副阶取四铺作，单抄，扶壁重栱造。

大殿构件样式表现为月梁造、丁头栱、阑额不出头并作月梁式等方面。门窗样式为版门、直棂窗形式。

4. 宋式柱、础造型

年代久远的建筑遗存，以石构件最为多见。罗汉院大殿遗存石构件是认识大殿形制的重要线索。分析大殿遗存石作柱、础构件，多样性和装饰性是其突出特色，其中尤以前檐柱、础，雕刻精美典雅，甚为珍贵。

大殿前檐心间雕饰石柱，圆形柱身通体雕刻莲藕纹样，间以化生童子形象，柱脚以如意纹收尾（图22）。柱础石礩素面，覆盆雕压地隐起花纹。现存宋构雕饰石柱可与之比拟者如初祖庵大殿，且初祖庵大殿雕饰石柱的分布位置与大殿一致，同样也是前檐四柱和两山前柱六根。

比较宋式柱础特征，《营造法式》柱础礩的部分素平无饰，而宋初的罗汉院大殿覆盆上的礩这一部分已显著发达，不仅尺寸增大，且形式变化和造型装饰多样，成为江南后世普遍采用的礩形础的先声。

江南现存宋代雕刻石础，还见有甪直保圣寺大殿遗存者，以及保国寺新近发现的宋代莲瓣覆盆柱础，皆表现了江南宋式石础共通的装饰特点。

柱形变化是江南柱式的传统，其中瓜瓣柱和八角柱较为多见。罗汉院大殿后檐四柱及两山后柱为瓜瓣柱形式，柱身作十瓣瓜瓣形式，柱下为瓜瓣礩覆盆柱础，其礩形与柱柱对应，亦作十瓣瓜瓣形式。瓜瓣柱做法上，罗汉院大殿石作十瓣与保国寺大殿木作八瓣，反映了宋代江南瓜瓣柱的特色。

六 小 结

概括和总结上述分析，罗汉院大殿间架基本形式为：整体间架正方形式，重檐厦两头造；殿身面阔三间，进深三间八椽；副阶周匝，每面三间四柱；殿身前檐减两平柱，形成前檐副阶与殿身复合的深三椽空间；空间围合界面置于周匝副阶缝上，副阶空间整体并入殿内；殿身面阔心间21尺，次间14尺，整体49尺正方，副阶面阔21尺，次间19.5尺，整体60尺正方。综上分析，并以30.4厘米为营造尺，作罗汉院大殿复原图如下（图23～27）。

根据遗址状况以及残存大殿石构件的形式与痕迹，本文关于大殿形制复原的实证性认定，再作如下归纳：

1. 三间殿身带三间周匝三间副阶。
2. 殿前设月台。
3. 遗址残存石柱皆为副阶柱，带櫍石础皆为副阶柱础。
4. 殿身檐柱的两种柱型：雕花柱与瓜瓣柱。
5. 非大殿原初构件的认定：八角柱、门限。
6. 大殿沿副阶柱的空间围合形式。
7. 殿身前檐减柱做法。
8. 殿身前檐顺栿串的使用。
9. 阑额燕尾榫做法，顺栿串直榫做法。
10. 柱间围合的薄壁构造做法。

大殿所有的复原依据和线索，皆来自残留石构形制及其各种遗痕，并辅以江南宋代厅堂建筑的普遍性特征。

苏州罗汉院大殿作为北宋初期江南佛殿，纪年明确，形制独特，补充了江南方三间厅堂形制的多样性特征，在建筑史研究上具有重要的意义，其与同一地域的另外两处北宋大殿，即宁波保国寺大殿（1013年）与甪直保圣寺大殿（1073年），作为江南北宋90年间的三殿，既是建筑史研究上参照互证的好例，同时，亦构成了江南宋代木构建筑技术发展的重要序列和坐标，较孤例个案具有更大的整体意义和价值。以罗汉院大殿为首的江南北宋三殿，应基本概括和代表了江南宋代方三间厅堂的主要形式和做法，并与其后的系列元构，一同构成了江南厅堂建筑的传统。

图22 大殿前檐雕饰石柱
（前檐心间西柱南面）

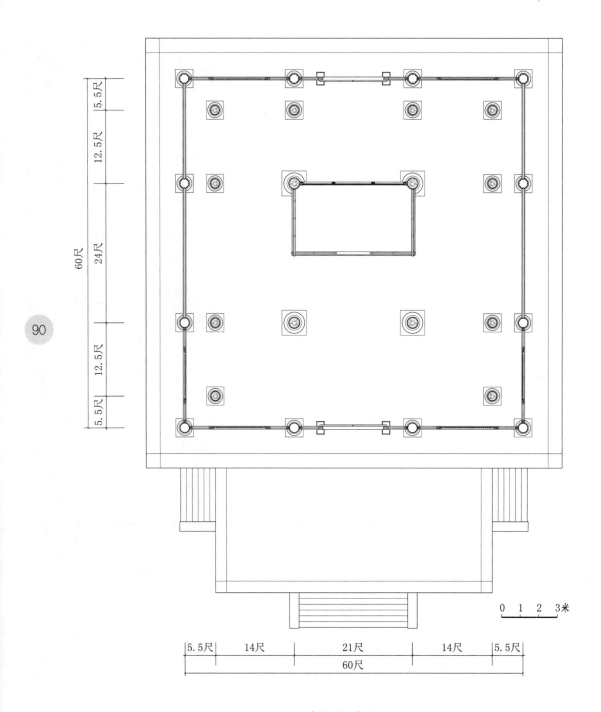

图23 大殿平面复原图

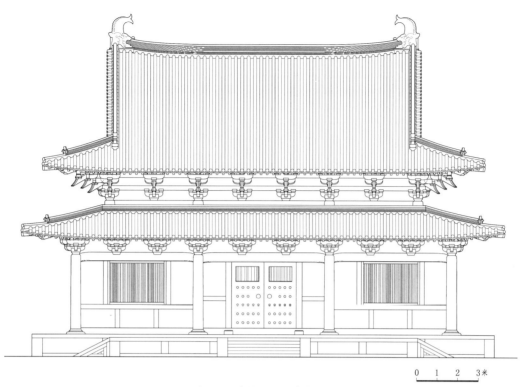

图24 大殿正立面复原图

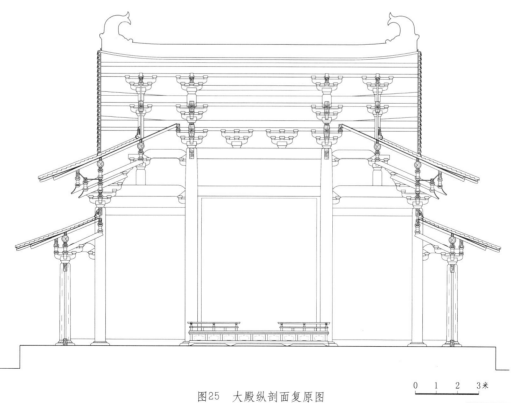

图25 大殿纵剖面复原图

0 1 2 3米

叁·奇构巧筑

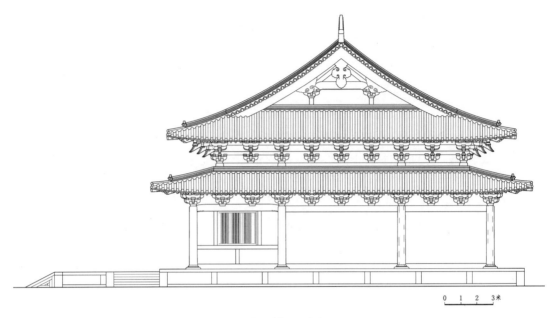

图26　大殿侧立面复原图

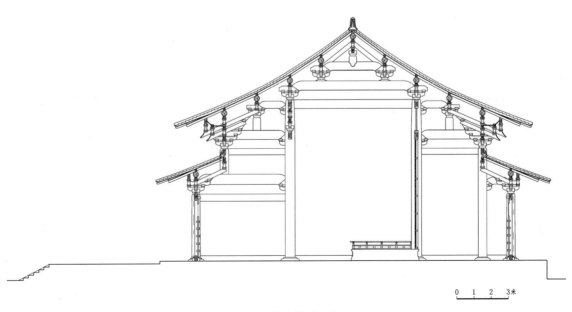

图27　大殿横剖面复原图

【五代辽宋金时期华北地区典型大木作榫卯类型初探】[一]

周　淼　·东南大学建筑研究所

摘　要：本文关注五代辽宋金时期华北地区木构建筑的类型与演变。通过对比华北与江南地区柱额节点、水平构件对接节点，分析榫卯差异反映的南北技术体系差异。选取华北地区足材栱头与下昂头榫卯做类型学分析，发现其演变过程，并讨论营造法式技术在华北地区传播的特点。梳理南北方实例并结合《营造法式》文本，归纳北宋官式建筑典型榫卯样式，发现其与江南技术之间存在关联。

关键词：榫卯　类型学　大木作　营造法式

[一] 本论文属国家自然科学基金支持项目，项目名称:《宋技术背景下东亚中日建筑技术书的比较研究》，项目批准号：51378102。

　　榫卯技术在中国古代木构建筑发展历程中有着悠久的历史，早在6000年前的河姆渡建筑遗址上，已发现了较为成型的榫卯节点；至唐宋时期，榫卯技术日趋成熟；宋《营造法式》（后文中简称为《法式》）文本中不见有关榫卯做法的详细描述，但在目前流传的《法式·卷第三十》"大木作制度图样上"中有若干榫卯做法的图样，虽经多次重绘，仍能反映北宋官式建筑榫卯的特点。营造法式技术（后文中简称为"法式技术""法式做法"）在北方地区的普及深刻地影响了宋金以后大木建筑的结构与构造，榫卯技术在这一时期的变化正是本文关注的重点。

　　东亚地区传统木构建筑由预制构件拼装而成，木构件间以榫卯的形式组合成基本构造节点。因此，构件榫卯加工是大木作技术的基础环节，榫卯形态与工艺的调查也是技术史研究的基础工作。榫卯大多隐藏于节点构件内部，还可以使木构架各节点浑然一体，保持了建筑外观的完整性。然而，正因为大多数榫卯位于隐蔽部位，为全面搜集榫卯信息造成了困难，至今仍缺少关于榫卯技术的专题研究。就目前掌握的材料而言，尚不足以讨论这一时期榫卯的画线、尺寸、削凿等匠作工艺的特点。本文从榫卯形态特征入手做类型学研究，在比较南北方榫卯差异、梳理华北地区典型榫卯类型的基础上，分析北宋末期至金中期法式技术传播对华北地区榫卯演变的影响。

一 技术史视角下的榫卯样式研究

1. 榫卯样式的时代与地域差异

榫卯样式的改进与建筑形制的发展并非同步，建筑的形制和样式常受社会风气、律令制度、人口迁移等因素的影响而改变。而作为隐蔽部位的木构造，在结构形式较为稳定的情况下，榫卯样式的演变周期较长，建筑形制、样式的变革频率远远高于榫卯样式的改进速度，一些简单实用的榫卯可以从文明初期一直沿用至今[一]。如燕尾榫（银锭榫）自史前时期就已开始使用；北方地区自晚唐至金代初期的建筑形制发生了多次转变，但阑额都是作无肩直榫插入柱头。

虽然榫卯样式并不适于作为精确断代的依据，却对于区分技术体系有根本的意义。榫卯做法代表着不同时代和地域的木构建筑工艺特点，直接反映出不同地区技术体系和匠师谱系的差异。例如，明清时期江南厅堂常见梁、枋入柱加销、过柱加栓做法，以栓、销这类构件强化构造节点、限制拔榫变形，以提高榀架的稳定性；而明清官式建筑则是通过增强柱梁构件间相互咬合、挤压的方式来强化构造节点；拼合梁、嫩戗发戗这些江南地区典型构件也需要特殊的榫卯做法实现。

尽管一些常用榫卯样式使用范围很广，但通过较大尺度地理单元的比较，可以发现南北方技术体系的差异。一些细部榫卯则更细致地体现了华北地区谱系差异，且与构件样式密切相关。

2. 五代辽宋金时期华北地区建筑技术史背景

根据对建筑形制与构件样式的研究可知，法式技术的传播对华北地区金代以后建筑技术有着深远的影响，是这一时期技术传播的主要背景。法式技术，指北宋时期在都城开封地区形成的官式营造技术，其技术特点集中体现在成书于北宋晚期的《营造法式》中。由于不存北宋官式建筑，《法式》文本结合宋金时期地方建筑受法式技术影响的成分，是还原北宋官式建筑技术的重要依据[二]。法式技术在山西、河北地区的传播主要在宋末至金中期；法式技术北传之前，宋地延续唐末五代地方做法，并形成北宋地方营造技术；在辽地则延续了晚唐官式营造技术。受法式技术的影响，地方建筑的结构形式和构造、构件样式转变为具有法式特征的进程，本文中称为"法式化"。

二 华北地区与江南地区典型榫卯做法的差异

中国南北方木构建筑构架类型和构件组合方式差异很大，各地区榫卯做法需要与构架体系、构件样式、加工技术、施工建造等方面因素相适应。榫卯做法是匠师技艺的直接结果，也具有地域差异。本文选取华北地区和江南地区现存五代辽宋金时期遗构中的典型榫卯进行比较，结合《法式》图样所绘榫卯类型，分析南北方榫卯样式差异以及法式化对华北地区榫卯样式变化的影响。

1. 柱额节点

柱额节点差异主要体现在阑额入柱榫卯和柱头榫两方面。

（1）阑额入柱榫卯形式

法式化以前的华北地区建筑中，阑额为无肩直榫，构件靠近榫头的一端逐渐变截面收窄到榫头宽度。随着法式技术的传播，金元以后阑额入柱榫卯逐渐变为燕尾榫、带袖肩的燕尾榫。宋元时期江南遗构外檐柱头不作普拍枋，靠阑额拉接柱头，阑额与柱相交节点常用镊口鼓卯、燕尾榫或带袖肩的燕尾榫（图1）。

[一]此处讨论的是基本榫卯类型的演变，而对于早期榫卯加工技术和方法的演变特点，还需要更细致的调查才能得出。

[二]晋祠圣母殿与隆兴寺摩尼殿虽是北宋时期具有官方背景的大型建筑，但都使用地方营造技术建造而成，并非北宋官式建筑的形制与样式。地方建筑受法式技术影响的成分，是指通过宋金时期建筑地域性制式与样式的研究，归纳本地法式化之前的原有技术特点，便可将法式化之后融入的技术内容剥离出来。

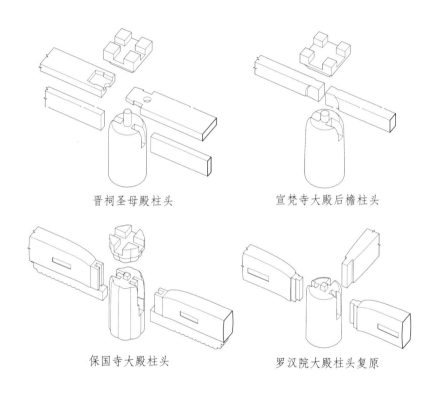

晋祠圣母殿柱头　　　　　　宣梵寺大殿后檐柱头

保国寺大殿柱头　　　　　　罗汉院大殿柱头复原

图1　南北方柱额节点比较

柱额节点的牢固程度对构架稳定性影响很大，而江南地区柱间的编竹薄壁只起到填充作用，因此抗拔作用较好的燕尾榫、镊口鼓卯更加适用。华北地区阑额用抗拔作用较弱的直榫，与北方早期木构架由厚重墙体扶持有关，五代以后出现的普拍枋也有助于增强柱头拉结[三]。

按《法式》故宫本与四库本图样，"梁柱鼓卯"图样榫头不易辨识准确形态，而卯口中有一道突出的棱，应是表达带袖肩的燕尾榫，最早的实例见于苏州罗汉院现存北宋大殿石柱。"梁柱镊口鼓卯"的实例也仅见于江南地区保国寺大殿和时思寺大殿（图2）。

[三]张十庆：《保国寺大殿厅堂构架与梁额榫卯——〈营造法式〉梁额榫卯的比较分析》，《东方建筑遗产》(2013年卷)，文物出版社，2013年版，第81～94页。

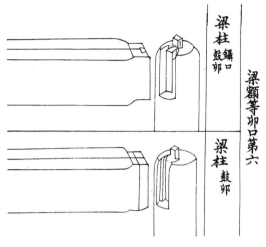

图2 故宫本《法式》图样"梁额等卯口第六"

（2）柱头榫形式

本时期华北地区，除了蓟县独乐寺观音阁柱头用方形抹棱榫，其他遗构柱头都作圆形长木栓，普拍枋和栌斗分别插入木栓。而同时期江南地区，柱头榫一般作方形短榫直接插入栌斗底卯口。《法式》图样所绘的也是方形短榫，加之阑额入柱榫卯形式，可见江南地区柱额节点榫卯形式与《法式》图样极为契合，可以体现法式技术与江南技术的关联性。

金代建筑惠安村宣梵寺大殿与中坪二仙宫大殿，斗栱都体现法式特点，且阑额与柱头间用燕尾榫，但柱头榫仍为圆形长木栓，在这一点上工匠仍秉承传统的样式。北方元代以后的案例才使用柱头方形榫头，说明法式技术影响地方技术体系是一个渐进的过程。

2.水平构件对接节点

枋、槫对接节点是大木构架中主要的水平构件相交节点，主要使用螳螂头和燕尾榫两种榫卯形式。

华北地区唐宋时期柱头枋对接节点一般使用螳螂头，金代出现燕尾榫做法；而槫对接节点直到明代仍用螳螂头。典型案例如，建于金后期的惠安村宣梵寺大殿，阑额、柱头枋作燕尾榫，槫作螳螂头。华北地区枋交接节点由螳螂头变为燕尾榫的时间段在金代，与法式技术传播时间相近，可能受到法式技术的影响。然而，斗栱构件样式兼具本地和法式特征的虞城村五岳庙五岳殿，柱头枋对接节点仍用螳螂头，也体现出法式技术和地方技术融合的特点。

江南地区则一直延续着使用燕尾榫的传统。尽管螳螂头与燕尾榫反映了南北技术体系差异，但在特殊位置也会使用另一种榫卯形式。现存北方宋构与辽构中，燕尾榫极为少见，仅见于斗栱枋材丁字相交的情况下，如晋祠圣母殿殿身外檐补间斗栱耍头无里跳伸出，耍头与柱头枋垂直相交处用燕尾榫。义县奉国寺大殿外檐补间斗栱华头子与横栱相交处不出头，也作燕尾榫。江南地区也有使用螳螂头的案例，如江南的金华天宁寺大殿外檐中道柱头枋相交处，该枋在两道昂之间，为避让昂身将柱头枋端头切成斜面，无法以燕尾榫连接（图3、4）。

要之，螳螂头与燕尾榫各有所长，都便于实现水平构件交接。南北方水平构件对接节点的差异更多地反映出不同技术体系匠师技艺的差异。

三 典型榫卯反映的华北地区技术演变

华北地区木构建筑柱网与屋架榫卯形式较为相似，而足材栱头、下昂头与斗连接的

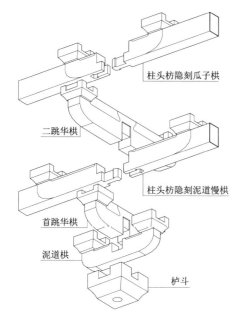

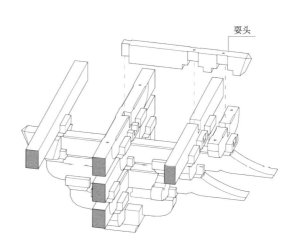

图3　圣母殿柱头枋螳螂头　　　　　　　图4　圣母殿殿身补间斗栱耍头燕尾榫

榫卯形式最为多样。通过对这两种榫卯节点做类型梳理，可以发现榫卯类型与根据构造形制和构件样式区分的建筑技术系统是较为契合的。

1. 足材栱头

（1）华北地区足材栱头榫卯类型

足材栱头包括用足材的华栱（亦包含栱头作平出昂或假下昂的）和泥道栱、慢栱，以及加暗栔的单材横栱。足材栱头榫卯主要关注栔与斗相交处的处理方法，可将华北地区足材栱头榫卯做法分为两型（图5）。

A型，栔伸出榫舌与斗底卡在一起，榫舌是指栔伸入斗底的部分。分两个亚型。

Aa型，栔前端伸出榫舌，作阶梯形，有些案例前端内收成楔形。分为两式：Ⅰ式，栔与榫舌都伸入斗后部；Ⅱ式，仅榫舌伸入斗底，榫舌高度与斗欹一致。南禅寺大殿、佛光寺大殿、辽构与带有唐辽样式特征的宋构栱头为Ⅰ式，法式化之前带有地方样式特征的宋构大多为Ⅱ式。

Ab型，栔前端与交互斗斗平和斗欹形状匹配，伸出方形榫舌，榫舌高度与斗欹一致；目前仅知晋祠圣母殿、献殿、榆社寿圣寺山门用之[一]。

B型，栔不向交互斗底伸出榫舌，作斜杀或直棱。分为两个亚型。

[一]青莲寺大殿足材栱头榫卯似乎也为Ab型，有待今后确认。

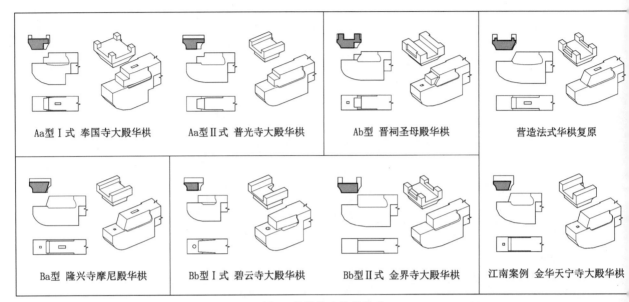

Aa型Ⅰ式 奉国寺大殿华栱　　Aa型Ⅱ式 普光寺大殿华栱　　Ab型 晋祠圣母殿华栱　　营造法式华栱复原

Ba型 隆兴寺摩尼殿华栱　　Bb型Ⅰ式 碧云寺大殿华栱　　Bb型Ⅱ式 金界寺大殿华栱　　江南案例 金华天宁寺大殿华栱

图5　足材栱头榫卯类型

　　Ba型，栔前端削斜，与斗卡在一起；仅隆兴寺摩尼殿一例为地方做法，大部分具有法式特征的斗栱都用Ba型。

　　Bb型，栔前端为直角，与斗卡在一起。分为两式，区分依据为栔伸入承斗面的距离。Ⅰ式碧云寺大殿华栱头栔伸入承斗面约35毫米；Ⅱ式一般仅为10～15毫米。Ⅰ式栔前端收窄作楔形插入斗后部，目前仅知小张村碧云寺大殿一例。Ⅱ式案例数量较少，为吸收法式做法的斗栱。

　　（2）关于法式做法的讨论

　　使用B型做法的大多是具有法式特征的斗栱，《法式》图样中足材栱头与Ba型相似，可推想，法式做法为Ba型做法。江南地区宋元时期足材栱头也为Ba型（虎丘二山门、金华天宁寺大殿、武义延福寺大殿），体现了江南技术与法式技术的关联。

　　比对各种版本《法式》图样，足材栱与

　　单材栱加暗栔组成足材栱的图样中，都没有在承斗面上绘制销眼，而单材栱头都有销眼（图6）；显然并非重绘、抄录过程中遗漏，而是

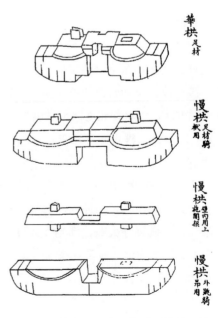

图6　四库本《法式》中的足材栱图样

延续了宋版原图的信息。宋地的万荣稷王庙大殿、陵川县南吉祥寺前殿、惠安村宣梵寺大殿华栱栱头都无销眼；辽代建筑华栱栱头承斗面上也不作木销，主要靠榫舌固定交互斗[一]。由此推之，北宋官式足材栱头与斗连接不用木销。承斗面上加销的做法可能是当时的地方做法，如晋祠圣母殿、隆兴寺摩尼殿等。

华北地区足材栱头榫卯由A型转变为B型，说明在法式化进程中，由本地榫卯做法转变为法式做法。法式化过程中，构件样式与榫卯的变化并不同步，如陵川县玉泉村东岳庙大殿斗栱构件是法式特征，但仍是Aa型Ⅱ式榫舌，说明榫卯技术的改变滞后于构件样式的改变，抑或是东岳庙大殿的建造年代正处于法式技术与地方技术融合的阶段。

2.下昂头—交互斗底榫卯

（1）下昂头—交互斗底榫卯类型[二]

下昂头—交互斗有两种摆放方式，斜斗斜置与方斗正放。唐辽样式七铺作斗栱的下道昂头用斜斗斜置，上道昂头为方斗正放。其他斗栱样式的昂头都用方斗正放。

斜置斜交互斗的下道昂头的𥕻伸出榫舌，卡住交互斗后部，并在承斗面上加销。

正放交互斗的下昂头榫卯做法分为两型（图7）。

[一]根据独乐寺观音阁、义县奉国寺大殿、新城开善寺大殿落架大修测绘资料。

[二]笔者调查到的用昂的案例数量较少，无法得到更为清晰的演变线索和全面的认识，将在今后的研究中继续跟进。

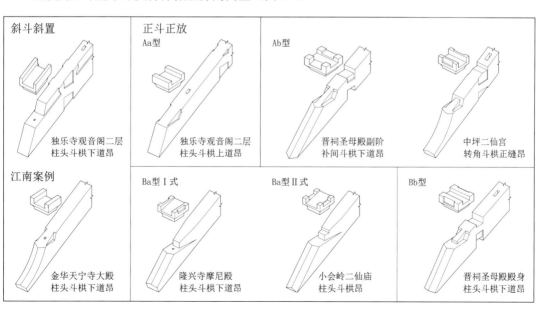

图7 下昂头榫卯类型图片

A型，交互斗骑在昂头上，昂头两侧凿出承斗面，中间保留作榫梁。分两个亚型。

Aa型，榫梁等宽，用在唐构、辽构和一些北宋遗构中，如佛光寺大殿、独乐寺观音阁、义县奉国寺大殿、小张村碧云寺大殿等。

Ab型，燕尾形榫梁，除晋祠圣母殿外，都是法式化之后的案例。

B型，交互斗落在承斗面上，昂身上部伸出榫舌与交互斗相交。分两个亚型。

Ba型，榫舌为楔形，分两式。I式案例有隆兴寺摩尼殿、延庆寺大殿、南吉祥寺前殿。II式榫舌作阶梯形，上段抵住斗平，下段伸入交互斗底。除晋祠圣母殿外，都是法式技术普及后的案例。

Bb型，榫舌为燕尾形，除晋祠圣母殿外，都是法式技术普及后的案例。

燕尾形榫舌、榫梁有利于防止交互斗外移。体现北宋地方建筑特征的晋祠圣母殿下昂头的榫梁与榫舌已用燕尾榫形，由于北宋时期用昂的遗构案例较少，无法窥知全貌，至少说明在法式化之前，某些重要建筑的昂头节点榫卯已经发生转变；法式化之后，几乎全为Ab和Bb型做法。

（2）关于法式做法的讨论

鉴于法式化之后案例的昂头榫卯大多为燕尾形榫舌与燕尾形榫梁，且与法式技术密切相关的江南地区也用燕尾形榫梁[一]，推测这种做法接近于北宋晚期官式建筑下昂头榫卯。故宫本图样中的"合角下昂角内用六铺作以上随跳加长"所绘两根昂中，下面一根的榫梁接近燕尾形；文渊阁四库本图样中的"由昂角内用六铺作以上随跳加长"也是燕尾形榫梁。可能是原版中无法精准表达不平行线段[二]，也有可能是在传抄过程中讹误，法式图样中的昂头榫卯样式值得继续考订。

四 结 论

通过本文的讨论，得到以下几点结论：

（1）榫卯类型差异反映出五代辽宋金时期南北方技术体系的差异；北宋官式（法式）榫卯类型与江南地区存在密切的关联。

（2）斗栱的榫卯做法与构造形制、构件样式存在关联，同属于一套技术系统。华北地区唐辽样式、地方样式、法式样式等技术系统的榫卯做法也个具体点。

（3）营造法式技术在华北地区的传播，不仅改变了构造与构件样式，榫卯做法也随之改变。

（4）地方建筑融合法式榫卯技术晚于对构件样式的吸收；构件样式变化最快，斗栱榫卯的变化稍晚，构架榫卯的变化则很滞后（如柱头榫形式）。

参考文献：

[一] 梁思成：《梁思成全集（第七卷）》，中国建筑工业出版社，2004年版。

[二] 马炳坚：《中国古建筑木作营造技术》，科学出版社，1991年版。

[三] 柴泽俊：《太原晋祠圣母殿修缮工程报告》，文物出版社，2000年版。

[四] 杨新：《蓟县独乐寺》，文物出版社，2007年版。

[五] 辽宁省文物保护中心、义县文物保管所：《义县奉国寺》，文物出版社，2011年版。

[六] 东南大学建筑研究所：《宁波保国寺大殿：勘测分析与基础研究》，东南大学出版社，2012年版。

[七] 刘智敏：《新城开善寺》，文物出版社，2013年版。

[八] 黄滋：《元代木构延福寺》，文物出版社，2013年版。

[九] 张十庆：《保国寺大殿厅堂构架与梁额榫卯——〈营造法式〉梁额榫卯的比较分析》，《东方建筑遗产》（2013年卷），文物出版社，2013年版。

[一〇] 郑宇、王帅、姜铮、张光玮、何孟哲：《高平北诗镇中坪二仙官正殿修缮中的记录及研究》，宁波保国寺大殿建成1000周年学术研讨会暨中国建筑史学分会2013年会。

[一] 江南地区元代建筑天宁寺大殿和轩辕官大殿也在昂头用燕尾形榫梁，且在榫梁上做销。

[二] 梁柱鼓卯图样中也无法描绘清楚燕尾榫形态。

叁 · 奇构巧筑

【下梅古民居传统营造技术特征研究】[一]

丁艳丽·同济大学建筑与城市规划学院

摘　要：本文选取福建武夷山地区下梅古村落具有代表性的明清古民居作为研究对象，并以这些现存传统民居的平面布局、剖面空间、构架体系为重点探讨内容。通过对实测资料的梳理与归纳，深入的异同比较，得出典型平面尺度和组合生长的基本模式，通过对剖面解读，阐述下梅村明清古民居纵深空间设计的古人智慧，了解其大木构架体系中的地域性特征。从而对特定时间、空间、经济文化背景下，下梅村明清古民居营造技艺中凸显出的差异性进行讨论，为进一步开展闽北乡土建筑传统营造技术的谱系研究提供一定的思路。

关键词：下梅民居　平面布局　剖面空间　构架体系　营造技术

[一] 本论文属国家自然科学基金支持项目，项目批准号：51378357。

103

一　下梅民居分布特征

下梅古村位于福建省武夷山市区东南部梅溪下游，西面的梅溪自北向西汇入崇阳溪，东北向通往上梅村和五夫镇。下梅村村域面积2.4平方公里，包括9个自然村，是国家级历史文化名村。村落地势较低，位于四面环山的盆地之中，西北依龙井山，南依夏主岭峰，东依黄竹岭。

下梅村的历史可追溯到商周时期。宋咸平元年（998年），下梅、上梅、会仙等村从建阳划归崇安县管辖。清朝康熙以来，下梅村作为武夷山茶叶主要集散地，进入繁荣鼎盛时期，伴随而来的是大量从事茶叶相关活动的移民，这些移民中绝大多数来自江西，除从事茶叶相关行业外，还经营鞭炮、药材等行业。下梅邹氏作为江西移民潮中经济成就最高的家族，逐渐成为下梅首富，于乾、嘉两朝期间大兴土木，建造了大量宅第，奠定了下梅古村明清聚落的基本格局，即："T"字形的水系于村中心穿过，古桥、古埠、古井、码头遍布，古街巷贯通，当溪两岸宅第集中分布。《崇安县志》记载当时邹氏家族"造房屋七十余栋，布局严谨，所局成市"，这些住宅建造顺序基本为康熙年间自芦下巷景隆号、爱莲堂开始，逐渐分布于东兴路一带（如方厝门16号、街北路35、36号的罗厝坊），最后到村落中心邹家巷及当溪两岸的古建筑群，如邹氏家祠、邹氏大夫第建筑群（含施政堂、溪水庭院）、隐士居、西水别业等（图1）。

下梅民居具体建造年代多不详，邹姓、郎姓、彭姓等大姓族谱中对建筑建造年代亦未明确提及。崔如梅的研究《明清以来下梅村的空间结构及其发展机制》结合保留于邹氏家祠（建于嘉庆年间）内部的各类牌匾、

图1　下梅村古民居分布图（上海古元建筑设计有限公司供图）

A.景隆号 B.方厝门9号 C.儒学正堂 D.参军第 E.方厝门13号 F.东兴路20号 G.闺秀楼 H.罗厝坊 I.邹氏大夫第 J.邹氏家祠 K.镇国庙 L.街南路5号 M.隐士居 N.万寿官 O.溪畔10号 P.溪畔6号 Q.方厝门16号

题刻以及各姓族谱中对其家族发展史的记载,较详细地梳理了明清时期下梅各姓氏移民的迁入与发展情况:"下梅居民多为明清时期移民而来,江、彭、陈、李、王、方、孙等姓氏较早,邹、岳、程、黄、吴等姓在雍正以后陆续迁入"。在其研究成果基础上,笔者结合屋主及同族老人的访谈,予以甄别梳理后,大致确定下梅民居建造时间与分布特点。村内古民居绝大部分为邹姓所建,建造时间多集中于乾隆中后期邹家家业发达之际。道咸以后,邹氏商业活动开始衰落,家族逐渐败落,其部分宅院通过抵债、卖出等方式转入异姓之手,如隐士居、闺秀楼、新街巷8号、罗厝坊、方厝门16号大屋、施政堂等,如今下梅民居多为当地邹、郎、彭、岳、方、陈、程、江、孙等大姓所属。下梅古建筑群现仍存30余处,保留砖雕门楼数十座,百岁坊、少微坊、叔圭坊、罗厝坊等古坊仍有迹可循,这些房屋的建造时间大致可以总结如下:分布于方厝门、芦下巷、东兴路一带的建筑建造年代多为清初康熙至乾隆年间;邹家巷、新街巷、当溪街南、街北、溪畔(梅溪东岸原百岁坊、万寿宫区域)一带建筑建造年代多集中于乾隆中后期至嘉庆年间。

105

二 典型平面与剖面设计特征

1. 典型平面布局及组合方式

下梅民居平面基本单元为三开间一进一天井的三合院形式,该单元以天井为中心,布置前厅和厢房等生活居室,四面以空斗高墙维护。正厅前多有回廊,大门做砖雕门楼,置于外墙正中。正厅明间宽5~6米,次间宽3~4米。在这个基本单元形式基础上,通常再增两进天井组成典型的三进二厅格局,两厅面宽基本相等,最后一进天井围墙后通常为附属用房,附属用房通常作为厨房、饭厅。规模再大者会于附属用房后再增一进杂物院,用于囤粮、晒台、柴物堆放之用。

在三进二厅基础上,后厅与附房间再增一进,便组成四进三厅格局,后厅建筑一般为两层,楼下做厅,二层设阁楼。如主路进深空间受限,阁楼可移至主路一侧,如闺秀楼。纵向上还可进一步发展,于砖雕门楼前再增一进,加建两列歇屋,如邹氏大夫第主路、闺秀楼等(图2)。

规模庞大的家族为满足日常生活起居需要,以上述三进二厅或四进三厅为基本模式,发展为两纵、三纵乃至四纵等平面组合格局,每一纵间既相互独立又相互贯通,建筑群内部四通八达。下梅民居中规模最大者,

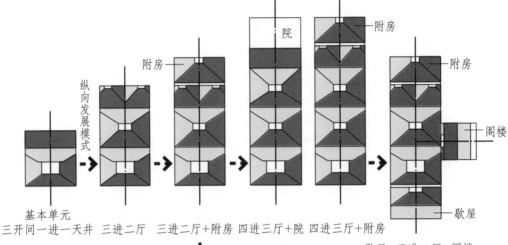

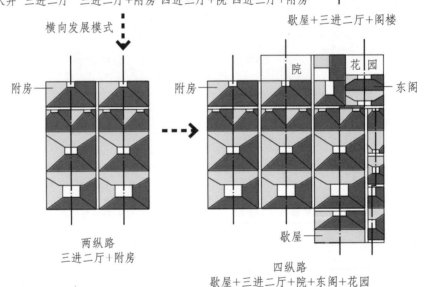

图2　典型平面组合方式（作者自绘）

当属邹氏大夫第建筑群，面积达三千多平方米，规模巨大，集主人居住（主路及溪水庭院）、办公（施政堂）、读书（书阁）、会客休闲（东阁及小樊川花园）、随从马夫等候（东路）、佣人活动（厨房、柴房、晒台）多种功能一体，布局井然有序（图3）。

2.典型剖面及设计特点

下梅民居典型剖面空间为三进二厅格局，自入口处依次为砖雕门楼、门廊（或天井院）、前厅、后厅，一般后厅小天井后接附属用房。在竖向高度上一般讲究屋脊渐次升高，以应"步步高"之说。但因附属用房

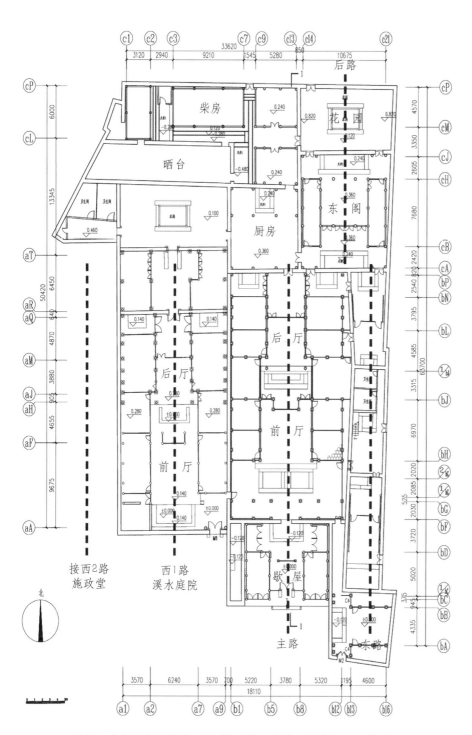

图3 大夫第建筑群平面图（上海古元建筑设计有限公司供图）

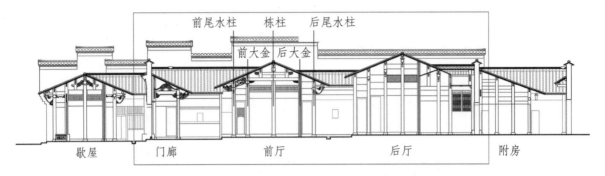

图4　典型剖面空间（闺秀楼剖面，歇屋+三进二厅+附房）

前尾水柱　栋柱　后尾水柱
前大金　后大金
歇屋　门廊　前厅　后厅　附房

多为单坡大跨空间，且层高低矮，所以通常将其与建筑主体部分间以高墙相隔，以不违背"步步高"之原则[一]（图4）。

正厅剖面以5柱2骑构架形式作为基本扇架，当地工匠将柱子自前至后依次称为"前尾水柱（檐柱）、前大金、栋柱、后大金、后尾水柱"，前后大金与栋柱之间不落地的柱子分别称为"前骑""后骑"。正厅边贴扇架一般有三层穿枋，一、二穿为直穿，三穿在主要的厅堂中基本都处理为弯穿，当地工匠将其称之为"虎驭"。剖面设计的步架形式，门廊多为2柱4桁条，距离在1.8~2.5米；前后厅基本采用5柱2骑9桁条的形式，厅堂进深5~米；也有后厅采用7柱者，一般较前厅深，深度为6~8米；附属用房通常为2柱或4柱大跨空间，进深在3~4米，最深可达6米。整座建筑高度设计一般以正厅栋柱高为准，早期建筑"屋制颇卑"（约为明末清初，如方厝门9号），正厅栋柱高在4.6米左右；乾隆后期建造的建筑中正厅栋柱高基本在5~6米，后厅栋柱高6米左右；最后一进阁楼栋柱则更高，可达6.6~6.8米，二层檐桁底至楼板为2.2米左右，底层层高为3.5~3.6米。

三　大木构架特征

1.扛梁构架做法

下梅民居木构架主要为穿斗形式，但在身份显赫的大户宅第，前厅明间会采用扛梁做法。扩大室内空间的同时，也为彰显宅主身份，且此种造法费工、费料、费时，需六人同时加工制作。这种造法主要结构特点是加大面阔空间，同时保持梁架整体刚度，于明间架设两榀五架梁，利用分别架设于2根前大金、2根檐柱之间的关口梁（二梁）、走檐梁（三梁）[二]抬升梁架。五架梁一端插入堂后勇柱上，另一端嵌入关口梁上方短柱，该短柱与走檐梁上短柱间采用单步斜向下的猫梁[三]拉系，使得室内梁架与廊步梁架连续成一个整体构架。

扛梁做法对关口梁、走檐梁与通柱的材料要求较高，多用杉木，有财力者更采用樟木、楠木。五架梁经由骑童将荷载传至关口梁、走檐梁，进而将梁架荷载传递至次间通柱，形成稳定的纵向结构。因扛梁造厅堂开间跨度相对增大，为增强构架整体稳定性，脊桁条下方增加一根用料粗大的"重檩"，当地工匠称之为"正梁"或"大梁"[四]。关口梁、走檐梁、正脊下正梁均采用月梁形式,起拱相对平缓,断面也较为粗大,方厝门9号关口梁断面尺度高达480厘米×370厘米,为柱径2倍之多。

上述扛梁做法又称"两扛梁减四柱",即取消了明间两根檐柱(廊柱)和两根前金柱共四根通柱,将扛梁架于廊柱和前金柱上方,猫梁前端插入位于走檐梁上方的短柱。下梅民居中绝大多数厅堂均采用了此种做法(图5),实例有邹氏大夫第厅堂、施政堂前厅、溪畔10号后厅、街北路35号前厅、闺秀楼前厅、参军第厅堂、儒学正堂等。此外下梅厅堂扛梁做法中还有一种"一扛梁减两柱"的形式,即仅取消明间两根前金柱,扛梁架于该位置上方,前端梁头插入明间廊柱(檐柱)。该做法实例见于方厝门9号正厅和邹氏家祠正厅,前者梁头仍为猫梁,后者梁头则做扁作直梁(图6)。两种扛梁减柱做法的演变上,推测应为早期先取消了明间两根前金柱,而后逐渐取消明间两根廊柱。

2.挑檐形式特征

下梅民居因采用四方天井内排水形式,当地工匠称之为"四花出水",为解决防潮飘雨问题而加大出檐,出檐值通常在100~140厘米范围内[五],其中又以130厘米左右出檐所占比例为多。此外笔者调查的所有古民居檐部均采用了"檐大于步"的做法,与此前张玉瑜《福建民居挑檐特征与分区研究》一文中做出的判断较为一致,如步架中通常以廊步数值最

邹氏大夫第东阁正厅
图5 "两扛梁减四柱"(作者自摄)

[一] 在笔者对当地工匠访谈中谈及房屋中轴线组织,讲究"步步高升",如遇后矮前高的状况,便以高墙相隔。学者对《鲁班营造正式》研究成果中也有类似表述,其传承关系有待进一步考证。

[二] 当地工匠将脊檩、前大金檩、檐檩下方贯通的粗大圆形木料依次称为正梁(大梁)、二梁、三梁。因历史上闽北与赣东地区交流频繁,又因下梅村古民居与赣东地区构架做法部分相似,如二梁相当于赣东地区的关口梁,三梁则相当于赣东地区的走檐梁,为使表述清晰,本文中二梁、三梁采取赣东地区称谓。

109

[三] 在地方匠语中将该单步猫梁称为"bong",读一声,也有部分工匠将之称为挑梁。

[四] 此类"扛梁做法"即参考文献[五]中的"纵向大额做法",将正梁(大梁)、二梁、三梁统称为"额",似因该构件与《营造法式》厅堂做法中"屋内额""檐额""阑额"等构件相似,本文为凸显地域性特征暂采取地方称谓与有渊源关系的赣东地区称谓相结合的表述。

[五] 笔者选取下梅村较为典型的十余栋古民居,对其檐出尺寸进行初步统计,其中100~110厘米范围内出檐比例占22.2%,110~120厘米范围占27.8%,130~140厘米范围占50%。

正梁
骑童
五架梁
虎驮
后骑　前骑
栋柱

关口梁（二梁）
猫梁
前尾水柱（檐柱）
前大金

a）方厝门9号正厅

正梁
五架梁
虎驮
二穿
一穿
后骑　前骑
栋柱

骑童
关口梁（二梁）
扁作直梁
前尾水柱（檐柱）
前大金

b）邹氏家祠正厅

图6　"一扛梁减两柱"（作者自摄）

大，多在100～110厘米，个别建筑如邹氏大夫第建筑群中施政堂厅堂廊步可达120厘米，但仍小于其135厘米的出檐。

纵观下梅民居挑檐形式，能够明显看到檐部撑拱演变的痕迹。早期挑檐承托方式多采用象鼻式撑拱，即撑拱一端插入柱身，立于丁头拱上，顶部置小斗承托挑檐桁，上方加一斜向下枋状猫梁拉系。这种撑拱线条动

感流畅如同曲颈，表面通常雕饰流云、卷草等朴素纹样。

中后期民居檐部撑拱开始向斜撑演进，即撑拱上方不用猫梁枋拉系，而是简化为100～150厘米高的挑手木（软挑枋）置于挑檐桁下、小斗之上，下方承托的丁头拱逐渐消失。继续发展撑拱顶部小斗也消失了，撑拱扩大演变为近似三角形的板状斜撑构件，构件轮

表1 下梅民居挑檐形式

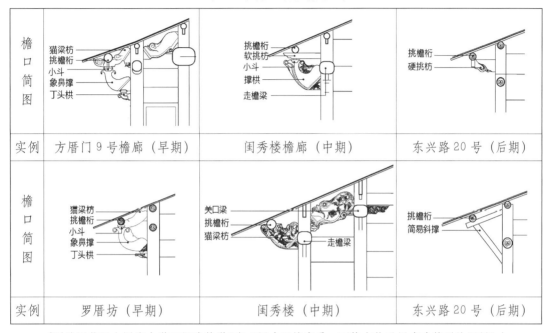

檐口简图	猫梁枋 挑檐桁 小斗 象鼻撑 丁头栱	挑檐桁 软挑枋 小斗 撑栱 走檐梁	挑檐桁 硬挑枋
实例	方厝门9号檐廊（早期）	闺秀楼檐廊（中期）	东兴路20号（后期）
檐口简图	猫梁枋 挑檐桁 小斗 象鼻撑 丁头栱	关口梁 挑檐桁 猫梁枋 走檐梁	挑檐桁 简易斜撑
实例	罗厝坊（早期）	闺秀楼（中期）	东兴路20号（后期）

111

（测绘图整理自同济大学10级建筑学3班《历史环境实录·下梅文物及历史建筑测绘图纸》）

廊渐趋僵硬，雕饰也变得烦琐、华丽。

　　除上述撑拱与斜撑方式外，近世下梅民居中还出现了更为简洁的挑檐方式，一种是穿枋出檐柱形成支撑挑檐桁的挑枋，枋底雕刻成卷云或花卉纹样；另一种是更为简易的斜撑，挑枋承托挑檐桁斜向上插入柱内，近乎平行于屋面，底部用素木板状斜撑承托（表1）。

　　3.柱桁节点特征

　　古建筑中挑檐结构往往是最为脆弱的构造节点之一，下梅民居出檐尺度大，更增加了檐部变形的隐患。因此下梅民居檐部承桁方式采用了搭接转换的方法予以加固，即将厅堂挑檐桁搁置在堂厢梁枋的短柱上，这种短柱承桁做法降低了挑檐对檐部斜撑的荷载。此种短柱承桁节点在门廊、正厅、后厅的檐部均有出现，做工考究者如闺秀楼、儒学正堂等，将该短柱雕成宝瓶状。在跨度较小的建筑厢房檐部，则直接将短柱架设于正房二层围廊栏杆上来承托挑檐桁（图7）。类似的搭接处理方式，在赣东地区、闽北地区

图7 短柱承檩节点

的民居中亦多有出现。

下梅民居中栋柱承脊桁条节点也具有典型性特征。在两厢、门廊、附房等次要建筑的正脊部位，脊桁条两端插入两端柱内，用梁叶固定该节点。而在正厅或扛梁厅等重要位置的正脊上方，脊桁条不插入两端栋柱内，而是搁置在两端柱顶上。栋柱顶部至正梁上皮结束，于柱顶加一斗形垫板，有

方形讹角、圆形、正八边形多种样式，当地工匠称之为梁帽。梁帽之上施梁叶[一]固定脊桁条。显然这里梁帽作为屋面梁架与栋柱之间的承接过渡部分，使得屋面荷载传至栋柱时更为集中。一般正梁下柱端有替木（梁鼻），由丁头栱（梁盘）承托，形成一个由"梁叶→梁帽→正梁→梁鼻→梁盘"构成的系统性节点（图8）。

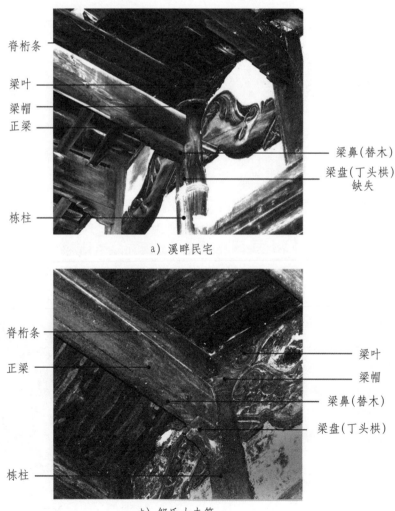

脊桁条　梁叶　梁帽　正梁　栋柱　梁鼻(替木)　梁盘(丁头栱)缺失

a）溪畔民宅

脊桁条　正梁　栋柱　梁叶　梁帽　梁鼻(替木)　梁盘(丁头栱)

b）邹氏大夫第

图8　下梅民居梁帽节点

四 结 语

下梅民居建造年代多集中于清乾隆中后期，却仍保留部分明代民宅构架特点与细部做法[二]。如下梅早期古民居（方厝门9号）建筑规模小且低矮，正厅三开间，有一对较粗的廊柱，采用梭柱形式，上下两端均有收分，木构件用材较大，建筑内部雕刻较少，装饰朴素。发展到中期即下梅经济繁荣鼎盛时期，民居建筑规模较大，且多具有相似格局，内部功能完善。厅堂多采用杠梁、减柱做法扩大使用空间，彰显家族实力，构件装饰性也明显加强。后期民居逐渐不再使用廊柱，正厅也变为一开间，伴随下梅茶市逐渐衰落，财力的减弱，也很少采用扛梁做法，厅堂渐趋高敞简洁，木构件用材变小，建筑细部也渐趋简易。

此外，下梅民居营造技术特征中也有诸多偶然性。首先，下梅村近世的乡土建筑营造技术如营造尺法、丈杆尺法、构架形式、建筑装饰等，并未呈现出针对鼎盛时期明显的延续性。诸多历史信息与建筑细部做法显示下梅村古民居极有可能为江西工匠建造，其采用的营造尺法、丈杆尺法、营造语汇也与赣东地区有相似之处。而近世传统建筑却多由浙江工匠或师承浙江师傅的工匠建造，因此在营造尺法[三]、丈杆尺法、营造语汇上，均呈现出明显的差异，限于篇幅本文不在此展开。

其次，厅堂采用的扛梁做法及其演变形式的下梅古民居，集中建造于清中后期。这种为扩大厅堂使用空间，所采取的灵活应对方式，是否是受明代民宅"三间五架"等级规定的影响，而在区域营造活动中呈现出的滞后性表达？

最后，栋柱不至顶、上施梁帽承托脊桁条的构造节点不仅出现在下梅建筑厅堂中，还出现在武夷山周边地区。如城村有近10栋老宅厅堂内采用了梁帽承托脊桁条节点，而村内其他住宅则是采用栋柱至顶的方式；位于下梅村附近的溪州村西山街道内距今不足百年的近世乡土建筑中也出现了同样的节点（图9）。梁帽节点是否为区域固定做法，何时形成，主要分布于哪些地区，以及梁帽这一斗形垫板与"柱头斗"间的衍化关系，仍有待日后在扩大考察范围的基础上予以深入探研。

总之，对下梅村古民居特定时间、空间、经济文化背景下建筑构架类型、构造节点、构件特征的关注；有助于对下梅村古民居营造技术中凸显出的差异性进行深入讨论，从而为进一步开展闽北乡土建筑工匠谱系、营造工艺特征的研究提供可行的线索。

[一] 当地工匠又将其称为梁梳，其名来源于有关鲁班夫人无意中提示鲁班仙师，助其解决建筑营造技术难题的传说，后在工匠中形成固定做法。赣东地区匠语中将其称为纱帽，《营造法原》中将其称为"山雾云"。

[二] "明时，屋制频卑，庭前多设二柱，厅壁分两段"《崇安县志》（民国三十一年铅印本）

113

[三] 笔者于下梅村及其邻村走访的5位木匠师傅中，仅一位70岁高龄的老木匠师承自江西师傅，采用五尺与曲尺（一营造尺=33.3厘米）；其余4人中，有2人（分别为70岁、73岁）直接师承自浙江师傅，2人（分别为58岁、60岁）师承自寿宁师傅（寿宁紧邻浙南，属于历史上两省交流最为频繁的区域之一），后4人早期造房均采用浙尺（一营造尺=27.8厘米）。

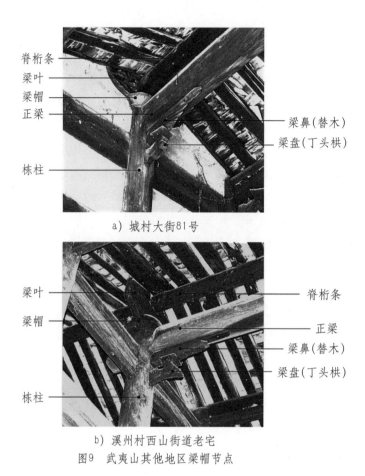

脊桁条
梁叶
梁帽
正梁
梁鼻(替木)
梁盘(丁头栱)
栋柱

a) 城村大街81号

梁叶
梁帽
脊桁条
正梁
梁鼻(替木)
梁盘(丁头栱)
栋柱

b) 溪州村西山街道老宅
图9　武夷山其他地区梁帽节点

参考文献:

[一] 戴志坚:《福建民居》,中国建筑工业出版社,2009年版,第204～217页。

[二] 福建博物院:《福建北部古村落调查报告》,科学出版社,2006年版,第35～45页。

[三] 黄浩:《江西民居》,中国建筑工业出版社,2008年版。

[四] 邹全荣:《武夷山村野文化》,海潮摄影艺术出版社,2003年版。

[五] 张玉瑜:《福建民居木构架稳定支撑体系与区系研究》,《建筑史》2003年第1辑,机械工业出版社,2003年版。

[六] 张玉瑜:《福建民居挑檐特征与分区研究》,《古建园林技术》2004年第2期,第6～10页。

[七] 戴志坚、吴鲁微:《武夷下梅聚落空间的形成与传统民居》,《中国名城》,2011年,第64～68页。

[八] 李久君、陈俊华:《八闽地域乡土建筑大木作营造体系区系再探析》,《建筑学报》2012年第7期,第82～88页。

[九] 崔如梅:《明清以来下梅村的空间结构及其发展机制》,厦门大学硕士学位论文,2008年。

[一〇] 丁曦明:《百厅汇智—黎川老街乡土建筑营造匠意探源》,同济大学硕士学位论文,2013年。

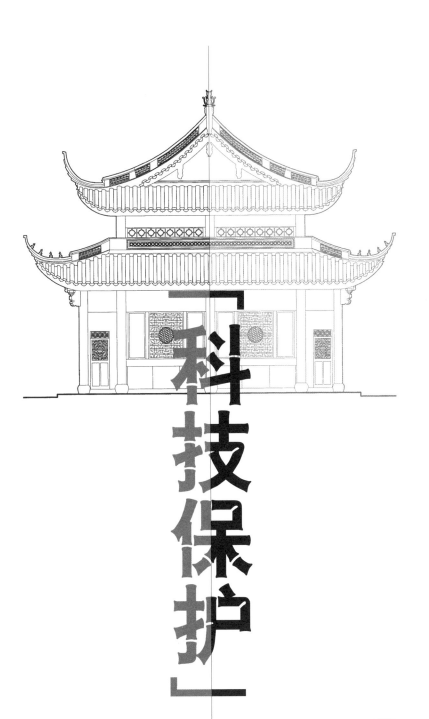

「科技保护」

肆

【中国传统木构建筑构件信息数据库需求分析研究】[一]

——以宁波保国寺宋代大殿为例

何韶颖 杨 爽·广东工业大学建筑与城市规划学院

汤 众·同济大学建筑与城市规划学院

摘 要: 中国传统木构建筑是世界公认的三大建筑体系之一,承载了丰富的中国历史文化信息,长期以来受到国内外学者的广泛关注,也是国内建筑遗产保护的重点。如何利用现代数据库技术对传统木构建筑的构造体系进行转译,既便于相关专业人员的沟通交流,也可以有效提高普通民众对传统木构建筑的理解度,并有利于传统木构建筑文化的推广和传播,是迫切需要进行深入探索的问题。需求分析是数据库设计的基础,作为"根基"的需求分析是否做得充分与准确,决定了在其上建构的数据库能否快速高效的运行。本文将以宁波保国寺宋代大殿为例,通过前期调研以及后期需求分析,对本研究中的中国传统木构建筑构件信息数据库进行全面的需求分析。

关键词: 木构件 信息数据库 需求分析

[一] 本论文属教育部人文社会科学研究青年基金项目,项目批准号:11YJCZH052;华南理工大学亚热带建筑科学国家重点实验室开放基金资助项目,项目编号:2011KB21。

117

一 绪 论

中国传统木构建筑是世界公认的三大建筑体系之一,承载了丰富的中国历史文化信息,长期以来受到国内外学者的广泛关注,也是国内建筑遗产保护的重点。研究传统木构建筑的过程,是采集、发掘和发布其承载的各种信息的过程。因此,如何充分利用现代数据库技术将传统木构建筑的信息进行全面采集、记录、存储和传播,是当前建筑遗产保护工作迫切需要进行深入探索的问题。

数据库设计的目标是为用户和各种应用系统提供一个信息基础设施和高效率的运行环境。其设计过程一般分为六个步骤:需求分析、概念结构设计、逻辑结构设计、物理结构设计、数据库实施以及数据库运行和维护。不难看出,需求分析是整个数据库设计的基础。

保国寺,位于浙江省宁波市北的灵山,1961年被国务院公布为第一批全国重点文物保护单位。现存的保国寺保留了多个时期的建筑,其中保国寺大殿是寺内现存最早的建筑，是现存长江以南保存最完整、历史最悠久的木结构建筑。如今，保国寺是一个以大殿为核心的古建筑主题博物馆。为更加科学有效地做好文物保护工作，保国寺正在建立大殿木构件信息数据库。

本文将从需求分析的重要性、前期调研以及后期需求分析这三方面，深入探讨以宁波保国寺大殿为例的木构件信息数据库设计的需求分析研究。

二 需求分析的重要性

需求就是对一个待开发的数据库所提供的功能进行精确、清晰、简洁全面的定义，从而为数据库的设计和实施提供依据。用户对于数据库的需求，通常可分为三个方面：信息需求、处理需求以及安全性和完整性需求。信息需求是指用户需要从数据库中获得信息的内容与性质，由信息需求可以导出数据需求，从而可知在数据库中需要存储哪些数据。处理需求是指用户需要完成怎样的处理以及其选择的处理方式，也就是系统中关于数据处理的操作。而安全性和完整性需求则是针对数据库中数据本身的相关需求。

需求分析是整个数据库设计过程的基础，也是最困难、最耗时的阶段，它的任务就是明确用户需求。用户需求指的是数据库用户使用该产品需要完成的任务，它体现了用户的个性化要求，对系统的实施与运行起着重要的参考价值。需求分析的展开应全面收集客户的需求并整理成文档，同时还应完成开发者与用户之间的相互沟通与交流工作，其结果更应保

证所有用户都明白其含义，进而开展接下来的工作。作为"根基"的需求分析是否做得充分与准确，决定了在其上建构的数据库大厦能否快速高效的运行。

目前，中国传统木构建筑构件信息数据库的建构研究尚处于空白阶段，因而，数据库设计初期的需求分析则显得更为重要。在需求分析过程中，不仅要从数据库设计的角度出发，还应更多的结合与古建筑相关的专业知识，进而更加全面地分析如何将数据库与古建筑管理工作相融合。

三 需求分析过程

需求分析是数据库设计的基础，前述小节已论述了需求分析在整个数据库设计中的重要性，在本章节中，笔者将从前期调研以及后期需求分析两方面，更加全面系统地阐述需求分析的整个过程。在前期调研中主要运用文献分析法以及现场考察的方式，对现有相关研究以及现状进行分析。同时，充分的前期调研是后期需求分析的基础，决定了后期需求分析的全面性。

1. 前期调研

需求分析的一个重要前提就是需求调研与资料获取，这位于一个系统开发的起步阶段，只有在前期广泛的收集资料，才能为后期的需求分析提供充分的依据。在前期，首先需要对我国木构建筑构件信息的研究近况进行梳理，特别是关于宁波保国寺宋代大殿构件的相关研究。其次，由于目前针对构件信息数据库的建构研究尚少，需要对与构件

信息数据库相类似的数字化博物馆等进行分析，从而为本研究的开展提供可借鉴依据。再次，对保国寺的管理现状进行分析，力求使得建构的数据库能够弥补目前管理上的缺陷。

（1）我国木构建筑及保国寺大殿的研究近况

中国传统官方木构建筑的构件形制、加工方法及建造操作规程，大都符合宋《营造法式》或清工部《工程做法则例》的规范和标准，其内在逻辑非常明确并自成体系。近年来，随着研究的细化与深入和三维激光扫描仪等高端科技的推广，木构建筑的研究成果无论从深度到广度都有了较大进展。其中更多学者选择单一案例或者单一构件作为研究对象，进而反思在过往的木构研究中的疑点或者遗漏。

现存的保国寺保留了多个时期的建筑，其中保国寺大殿是寺内现存最早的建筑，重建于北宋大中祥符六年（1013年），是现存长江以南保存最完整、历史最悠久的木结构建筑。自发现以来，相关研究成果层出不穷，早期的讨论基本建立在窦学智等人的实测数据之上，后期清华大学测绘成果发表，推动了相关研究的进一步深入。南京工学院的勘查报告基于法式测绘，对大殿的主要数据和构造做法特点进行了真实记录；陈明达、傅熹年对大殿的材份、丈尺构成作了详细探讨；郭黛姮对砖石瓦作、小木作等所有相关部分都进行了全面研究；刘畅最先将三维扫描技术运用于此，并提出了一套富有新意的尺度构成理论；张十庆的《宁波保国寺大殿勘测分析与基础研究》则更为系统、细致地就保国寺宋代大殿进行研究，并开始从法式研究延伸到损坏分析。

（2）数字化博物馆

数字化博物馆是以藏品信息库为核心，为文物收藏、专业研究、保管管理、修复保护、陈列展示、宣传教育、馆际交流等构筑的一个高效组织、管理、检索和建设大规模文博典藏资源的信息管理平台。建立文物数据库，不仅对文物的保管、研究和陈列具有重要意义，也是数字化博物馆中最为核心的部分，这大大提高了博物馆藏品的保管水平和利用水平。数字化博物馆的信息管理平台职能主要有两方面，信息数据的管理与维护以及藏品信息的展示与互动。展示是围绕特定主题实现人与物之间信息传递的过程，是博物馆与观众沟通的重要方式。

通过查阅文献、网络收集资料以及实地调研，笔者就北京故宫博物院、台北故宫博物院以及苏州博物馆的数字资料库名称、内容、形式以及针对人群进行了整理，如表1所示。

119

表1 博物馆数字资料库信息表

名称		内容	形式	针对人群
北京故宫博物院	数字资料馆	建筑、藏品、古籍、出版、明清宫廷、文物保护	介绍	所有人
	紫禁城时空	宫殿御苑游	紫禁城全景、区域场景、宫殿介绍	介绍	所有人
		宫廷史迹游	人物、故事、礼制、习俗	介绍	所有人
		宫藏珍宝游	书画、古物、图籍、宫廷	介绍	所有人
		紫禁雅集	月历、彩笺、屏保、音乐、游戏	互动	所有人
台北故宫博物院	典藏精选	绘画、书法、图书、文献、陶瓷、铜器、玉器等	介绍	研究人员
	图书文献馆	阅览资讯、馆藏目录查询、古籍目录查询等	互动	研究人员
	故宫期刊	文物月刊、学术季刊、故宫展览通讯	介绍	研究人员、一般参观者
	典藏资料库系统	器物典藏资料检索系统、书画典藏资料检索系统、书本古籍资料库、家族谱牒文献资料库等	互动	研究人员
苏州博物馆	馆藏精品	两塔瑰宝、明清书画、瓷器、工艺品、玺印等	介绍	所有人

120

（3）保国寺管理现状

保国寺作为以古建筑为主题的博物馆也设置了一系列的数字化展陈设施，主要服务前来于此的一般参观者。如宋代大殿内有木构建筑实物缩放模型（图1）、信息触摸展示屏（图2），后面展厅亦有构件模型（图3）、交互虚拟搭建展示系统（图4）以及相关文字类介绍等。

自2007年以来，为了能够更有效和有预见性的做好文物保护与管理工作，保国寺

古建筑博物馆开始与高校以及专业性公司合作，构建了针对文物建筑的保护监测系统，采用现代信息技术对大殿及其环境进行信息采集、信息管理、分析与展示。但是，作为古建筑主题博物馆的保国寺中的管理人员并非都是古建筑保护专家，因而对于与古建筑相关的研究及各项监测信息等内容的管理的系统性与针对性方面还有待提高。而中国大量正在被宗教团体使用中的古建筑寺庙更是如此，未能将已有的各项研究成果以及建筑

图1 大殿木结构缩放模型

图2 信息触摸展示屏

图3 构件模型

图4 交互虚拟搭建展示系统

现状等信息通过其潜在的逻辑关系系统地整合起来。

通过前期调研可以看出，对于中国传统木构建筑及保国寺大殿已有大量详细研究，且已经细致到了构件层次，各地博物馆和保国寺也都已经有一些面向公众的数字化互动展示，只是目前保国寺博物馆很难保证新招聘的管理人员能具备非常专业的古建筑知识。

2. 后期需求分析

后期需求分析建立在前期调研的基础上。通过前期调研，笔者对目前中国木构建筑及保国寺大殿的研究近况、数字化博物馆的使用情况以及保国寺的管理现状等已有大体了解，亦可明显察觉到保国寺的管理人员在对其博物馆中的古建筑进行管理时，由于缺乏相关专业知识所带来的工作不便。在数据库设计中，使用人群是指数据库谁来用，数据库对象是指数据库里有什么，而数据库功能则是指数据库如何用。因而，针对本研究中的保国寺木构建筑构件信息数据库，本节将从使用人群定位分析、数据库对象定位分析以及数据库功能分析三方面来系统地阐释建构该数据库时的需求分析。

（1）使用人群定位分析

木构件信息数据库的使用人群可以分为：专业研究人员、普通观众和管理人员。目前，专业研究人员对于保国寺大殿基于构件的数据库需求基本可以通过查阅相关文献得以满足；普通观众通过馆内各处展陈也大致可以了解一些基础常识；而保国寺博物馆的员工均非建筑专业出身，相对缺乏与古建筑及其结构相关的专业技术知识。就此来看，对保国寺而言，目前最迫切的需求便集中体现在对文物的管理工作上。并且，国内大量文物建筑的使用者和管理者中也往往缺少古建筑专业人才。

通过分析，本研究中的保国寺木构建筑构件信息数据库的使用人群定位主要以博物馆管理人员为核心，使其能够更好地发挥在古建筑保护中的管理职能；并在此基础上，兼顾弥补现有普通大众与专业人员需求的少许不足。

（2）数据库对象定位分析

现存的宁波保国寺宋代大殿体量不算太大，它的柱梁、阑额、铺作等许多做法甚至可与宋《营造法式》相印证。逻辑明确且自成体系的构造体系与现代数据库建构的逻辑能够比较简单地建立对应关系，并且大量的研究文献可以提供足够的数据支撑，因而以保国寺宋代木构大殿作为对象，有利于本次数据库建构研究的开展。

建筑可以看作是多种构件的组合，通过分别掌握各个构件及构件间的关系等情况，亦可掌握整个建筑的情况，故在以往的木构建筑相关研究中，也多见各学者以构件入手

分别进行研究讨论。因而，在针对木构建筑数据库的建构研究当中，笔者也试图将其分解为以构件为基本单位。

在文物建筑的管理维护中，早期大拆大建粗放的方式正在被进步为更科学精确的以研究为基础的细致化保护。文物建筑的所谓"落架大修"已经不再提倡，而是更多地在整体研究的基础上加强对各个构件的深入探查，分门别类有针对性地对每一个构件进行多项检测、监测和保护。因此从文物管理上也需要细致到构件的数据库以支持这些检测、监测和保护信息的管理。

（3）数据库功能分析

通过前期调研以及对后期使用人群与数据库对象的定位分析，本研究中的数据库功能主要集中于记录、检索与展示三方面。

记录功能是指把保国寺宋代大殿的各木构件的现有资料以及专家学者的相关研究成果，详细地记录于数据库当中，从而为后期保国寺的保护与管理工作提供更有利的帮助与支持。

检索功能是指从已有的记录中提取信息的过程，可分为简单检索与条件检索（图5）。通过简单检索，管理人员可以根据类别及位置等信息指定到单个构件，并查看到该指定构件的相关详细信息等；而通过条件检索，管理人员可根据管理需要对木构件进行筛查。例如，通过对构件残损程度进行筛查，将处于破坏临界值的构件及其相关信息提取出来，从而及时采取有效措施进行预防性保护等。

展示功能则主要是指在实现上述两种功

图5 数据库检索界面　　　　　　　　　　　　图6 数据库展示界面

能时，各项数据应以合理且相对美观的方式呈现在管理人员面前（图6）。

　　此外，数据库功能还应满足使用人群的个性化要求。如在本研究中，管理人员要求数据库在建成后，每次更新要能够自动记录更新时间、操作人、原因、具体内容等，并保留原记录。并且对于其他两类人群在使用数据库时获得数据信息的多少，管理人员也提出了自己的限制要求。

四　结　语

　　本文以宁波保国寺宋代大殿木构件信息数据库为例，在前期调研以及现场走访的基础上，对数据库使用人群、数据库对象以及数据库功能进行定位分析，基本完成了数据库设计的第一阶段，为后期数据库设计工作奠定了良好的基础。当然，数据库的设计并非一蹴而就，各阶段工作应相辅相成。对于用户的需求调研与分析也并非到此为止，在整个过程中仍需要不断地进行沟通，并做出相应的调整，进而才能够建立高品质适用的数据库。

参考文献

[一] 聂玉峰等：《Access 数据库技术及应用》，科学出版社，2006 年版。

[二] 李晖：《北京中医药大学教务管理系统需求分析的研究》，北京中医药大学，2013 年版。

[三] 刘畅等：《平遥镇国寺万佛殿大木结构测量数据解读》，《中国建筑史论汇刊》2012 年第 1 期，第 101 ～ 148 页。

123

[四] 殷智钧：《南禅寺大殿达木结构用尺与用材新探》，《中国建筑史论汇刊》2008 年，第 83 ～ 99 页。

[五] 温玉清：《"以材为祖"：奉国寺大雄宝殿大木构成探赜》，《中国建筑史论汇刊》2008 年，第 65 ～ 82 页。

[六] 王贵祥：《唐宋单檐木构建筑比例探析》，《营造第一辑》，《第一届中国建筑史学国际研讨会》，1998 年，北京。

[七] 陈涛：《平坐研究反思与缠柱造再探》，《中国建筑史论汇刊》2010 年，第 164 ～ 180 页。

[八] 钟晓青：《斗栱、铺作与铺作层》，《中国建筑史论汇刊》2008 年，第 3 ～ 26 页。

[九] 肖旻：《唐宋古建筑尺度规律研究》，《新建筑》，2003 年第 2 期，第 80 页。

[一〇] 窦学智等：《余姚保国寺大雄宝殿》，《文物参考资料》1957 年第 8 期，第 54 ～ 60 页。

[一一] 傅熹年：《古代中国城市规划、建筑群布局及建筑设计方法研究》，中国建筑工业出版社，2001 年版。

[一二] 宁波保国寺文物保管所，郭黛姮：《东来第一山——保国寺》，文物出版社，2003 年版。

[一三] 刘畅等：《保国寺大殿大木结构测量数据解读》，《中国建筑史论汇刊》2008 年，第 27 ～ 64 页。

[一四] 张十庆：《宁波保国寺大殿勘测分析与基础研究》，东南大学出版社，2012 年版。

[一五] 汪曦曦：《数字化博物馆的数据库运用及发展——以山东博物馆文物数据库为例》，《青年记者》2012 年第 32 期，第 87 ～ 88 页。

[一六] 陈刚：《博物馆数字展示基本特征分析》，《东南文化》2009 年第 3 期，第 105 ～ 109 页。

【宁波市保国寺大殿结构健康监测系统的构建】

符映红·宁波市保国寺古建筑博物馆

毛江鸿　柳盛霖·浙江大学宁波理工学院

董亚波·浙江大学计算机科学与技术学院

摘　要：保国寺作为千年古寺，木材经历各种环境及荷载的长期影响，会有不同程度的性能下降，同时还得抵御梅雨和台风等灾害性天气的影响，因此为其构建结构健康监测系统具有重要意义。宁波市保国寺古建筑博物馆在前期研究的基础上，选用了光纤光栅传感技术监测结构应变，同时配置了风速风向传感器、地下水位传感器等辅助系统，通过物联网技术进行了监测系统的集成，实现了保国寺大殿结构健康状态的在线查看。

关键词：保国寺大殿　健康监测　光纤传感技术　FBG

宁波市保国寺大殿已有一千多年历史，期间经历过各种极限荷载，而如今仍处于正常工作状态，可见其结构设计合理。然而，组成保国寺的受力构件——木材，在白蚁、高湿等恶劣环境荷载作用下，必然出现横截面下降、构件承载力降低等情况。同时，保国寺的节点均为榫卯节点，整体上为半刚接体系，关键节点和构件对结构整体受力性能的影响较大。因此，为了保证保国寺大殿完好传承，利用先进的监测手段对其进行结构健康监测非常必要。

结构健康监测（SHM）技术起源于20世纪50年代，大致经历了三个发展阶段：第一阶段是以专家经验为基础的经验诊断技术，对诊断信息只能作简单的数据处理；第二阶段是以传感器技术和动态测试技术为手段，以信号处理和建模处理为基础的现代诊断技术；第三阶段是以知识处理为核心，数据处理、信号处理与知识处理相融合的大型结构智能诊断技术阶段。结构健康监测最初目的是进行结构的荷载监测，随着工程大型化、复杂化的发展和结构整体检测的要求，结构健康监测技术涵盖了结构损伤诊断、结构安全预警、结构健康状态评估、结构剩余寿命预测等多种功能。

保国寺主殿的面积大，构件连接精巧，极具观赏价值和历史价值。传统传感器只能完成结构局部监测，而保国寺大殿复杂多变的结构样式，造成关键部位多且难以确定。另一方面，传统传感器的寿命也是一个极大的问题，保国寺主殿内温湿度变化非常大，特别是湿度常年保持在较高水平，同时人员活动也较频繁，在该种环境下能存活并长期有效工作的传感器并不多。

本文根据实际情况，在前期工作的基础上选用了光纤光栅传感技术监测结构应变，同时配置了风速风向传感器、地下水位传感器等辅助系统，通过物联网技术进行了监测系统的集成，实现了保国寺大殿结构健康状态的在线查看。

一 保国寺大殿结构健康监测系统的组成

本文在已有研究成果工作基础上进行了保国寺大殿更为详细的环境监测系统、结构

响应监测系统的优化布局，开展长期的实时监测。

健康监测系统构建过程的技术路线如图1所示。采用分布式光纤传感技术和振弦传感技术进行结构状态短期检测，分别获取台风作用下和日常温度作用下的结构变形信息。同时，采用Ansys有限元分析软件，模拟保国寺大殿在风荷载及温度作用下的变形情况，实现保国寺大殿在极端荷载作用下的仿真模拟，为后期健康监测系统传感器安装位置的选择提供参考。最后，采用光纤光栅传感技术进行构件长期变形的监测，辅以风速风向传感器以及温湿度传感器进行环境监测，上述三项传感系统通过物联网技术集成至保国寺健康监测总系统中，实现数据的实时查询功能。

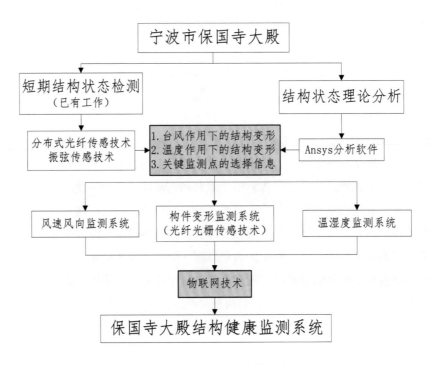

图1　健康监测系统构建技术路线

二　光纤光栅传感技术简介

光纤光栅(Fiber Bragg Grating)传感器是属于波长调制型光纤传感器，当光栅周围的温度、应变、应力或其他待测物理量发生变化时，将导致光栅周期或纤芯折射率发生变化，从而产生光栅Bragg信号的波长位移，通过监测Bragg波长位移情况，即可获得待测物理量的变化情况。

$$\Delta\lambda_B = \lambda_B(1 - P_e) = k_\varepsilon \Delta\varepsilon$$

式中：P_e 为光纤的弹光系数，为定值；k_ε 为应变 ε 引起的波长变化的灵敏度系数，其值由光纤光栅厂家提供。

三　保国寺大殿有限元模型的建立与分析

考虑安装更为系统的结构监测系统，采用有限元分析软件并建立保国寺有限元模型，并利用该模型进行保国寺大殿仿真分析，计算模型利用有限元分析软件Ansys 15.0建立，模型如图2所示。

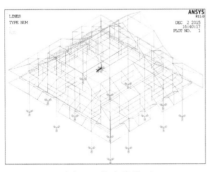

(a) 设计计算模型

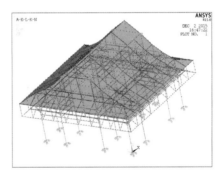

(b) 等效后的计算模型

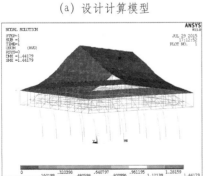

(c) 风荷载作用下的大殿变形

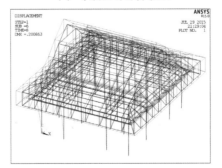

(d) 温度作用下的大殿变形

图2　保国寺大殿的有限元模型

保国寺主殿所受荷载与作用按照结构荷载的作用形式来划分，主要可分为三类，分别为永久荷载、风荷载、温度作用。

由风荷载作用下的结构变形图可知，大殿内部四根通长的柱子变形较大，与柱子直接相连的横梁变形也较为显著。因此，选择上述位置作为长期健康监测的重点区域，该有限元模型可为本项目传感器安装部位的选择提供参考。

四 保国寺大殿结构健康系统的构建

（一）传感器安装位置的设计

由于保国寺大殿无法安装风速风向传感器，故选择大殿周边的房子进行传感器安装，采用对称布置的方式，分别位于西北角和东南角。保国寺大殿共布设3个水位监测点，2个位于大殿内（西北角和东北角），1个位于大殿外的已有井内，具体位置如图3所示。

保国寺大殿中进及后进构架中共布设24个应变监测点，4个温度补偿监测点，部分监测点的位置如图4所示。

（二）传感器的安装

风速风向传感器固定在保国寺大殿周围房屋的屋脊上，风速风向传感器的底座横跨屋脊的两块砖，并采用螺杆进行拉结，保证风速风向传感器固定牢靠。光纤光栅传感器的不锈钢底座通过结构胶固定在木板上，该不锈钢底座中安装有两个螺杆，用以固定光纤光栅传感器。这种传感器固定方式的优点是仅需通过拧动螺帽便可以更换传感器。安装后传感器如图5所示。

（三）数据传输系统构建

风速风向传感器和水位传感器均为自带数据采集系统，通过无线网进行数据的传输。结构应变监测系统各传感器通过光纤熔接集成5条单芯监测线路。将单芯铠装光纤和多芯铠装光缆在光纤接入盒中进行熔接，

（a）风速风向传感器位置

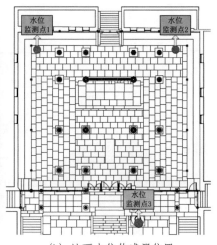

（b）地下水位传感器位置

图3 保国寺大殿结构健康监测系统中环境系统

(a) 大殿中进构架监测线路

(b) 大殿后进构架监测线路

图4　保国寺大殿结构健康监测系统中应变系统

(a) 风速风向传感器

(b) 光纤光栅传感器

图5　保国寺大殿结构健康监测系统传感器安装图

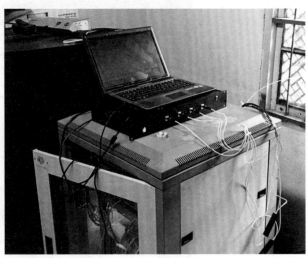

图6 数据采集系统的集成

多芯铠装光缆通入结构健康监测室,并连接1×2光开关集合成4通道,并连入光纤光栅解调仪,系统布置如图6所示。

五 健康监测系统的初步监测结果

保国寺大殿健康监测系统于2015年10月

25日完成最后的安装调试,同时进行了2015年10月24日10点至2015年10月29日14点的连续采集,采用频率为1分钟/次,温度补偿光纤光栅传感器的监测结果如图7所示。

以10月24日10点为基准时间,由图7可知,光纤光栅能明显的感应到温度的变化,每天都有降温和升温过程,同时,测试期间

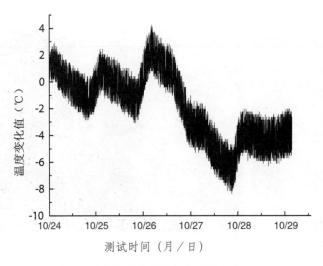

图7 温度补偿光纤光栅实测温度变化

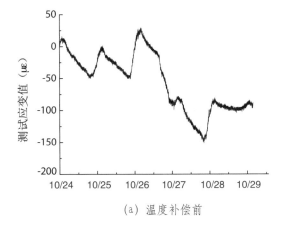
(a) 温度补偿前

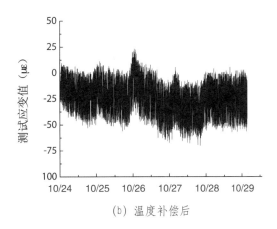
(b) 温度补偿后

图8　某应变监测传感器的监测数据

温度处于持续降温过程。其中某个应变传感器结果如图8所示。

上述数据表明，结构健康监测系统进行温度补偿非常重要，否则测试结果存在非常大的误差。温度补偿后数据表明，木材的整体趋势为"冷缩"过程，测试期间温度处于持续降温过程，平均值在负应变范围内波动。同时，温度补充后应变测试值的波动达到50$\mu\varepsilon$，该波动值和光纤光栅测试精度（$\pm2\mu\varepsilon$）相差较大，主要原因是降温过程持续大风，造成结构存在一定的振动。

六　结论与展望

1.本文采用Ansys软件建立了保国寺大殿的有限元模型，为本项目传感器安装部位的选择提供参考。同时，该模型能较为准确的模拟保国寺大殿在风荷载和温度作用下的变形特征。

2.本文以光纤光栅传感技术为核心传感器，通过现场安装和调试，集成了保国寺大殿的健康监测系统，该系统能实时感应结构变形信号，测试结果表明各系统工作稳定。

3.在上述监测系统的基础上，可开展环境监测数据和结构变形的对应关系、通过监测数据修正有限元模型、建立更完善结构健康监测系统等研究工作。

参考文献：

[一] 路杨、吕冰、王剑斐：《木构文物建筑保护监测系统的设计与实施》，《河南大学学报（自然科学版）》2009年第3期，第329～330页。

[二] 毛江鸿、何勇、金伟良：《基于分布式传感光纤的隧道二次衬砌全寿命应力监测方法》，《中国公路学报》2011年第2期，第77～82页。

[三] 蔡德所：《光纤传感技术在大坝工程中的应用》，中国水利水电出版社，2002年版。

[四] 陈长征、罗跃纲、白秉兰等《结构损伤检测与智能诊断》，科学出版社，2001年版。

【木材无损检测技术在井冈山刘氏房祠木构保护中的应用研究】

陈　琳·同济大学历史建筑保护实验中心
方小牛·井冈山大学化学化工学院
戴仕炳·同济大学建筑与城市规划学院

摘　要：井冈山刘氏房祠是现存具有红色标语的重要革命历史建筑，整体为土木结构，抬梁式木构架，由14根木柱和夯土墙体承重。由于受自然因素影响，木柱出现腐朽等病害。本文介绍了刘氏房祠的重要历史价值以及木构在刘氏房祠中的重要作用，分析了木杆的现场勘察情况以及无损检测微钻阻力检测技术的应用情况。

关键词：井冈山刘氏房祠　木柱　无损检测　微钻阻力仪

一　井冈山红色建筑下七乡刘氏房祠建筑的历史及价值分析

井冈山位于江西境内，是湖南和江西两省的交界处，古有"郴衡湘赣之交，千里罗霄之腹"之称。毛泽东带领中国工农红军在此地开展了艰苦的革命斗争，创建了中国第一个农村革命根据地，确定了"农村包围城市，武装夺取政权"的具有中国特色的革命方针。井冈山斗争时期，中国工农红军不仅开展了武装斗争，还对中国共产党的性质宗旨等进行了宣传工作。因此，井冈山被载入中国革命历史的光辉史册，被誉为"中国革命的摇篮"和"中华人民共和国的奠基石"。

位于井冈山下七乡上七村的刘氏房祠，据《刘氏族谱》中《积善堂记》记载，该祠堂建于清宣宗道光四年（1824年），距今已有将近200年历史。据考证，红五军、红六军的部队曾在祠堂宿营过。红独十营的官兵曾经在祠堂宿营数十天，为红军做了大量的宣传工作。朱德总司令曾在祠堂门口操场上召开过群众大会，动员当地青年参加红军，支援革命斗争，此后当地涌现了一批革命先烈。祠堂四周的墙壁上多处留有当年红军的宣传标语："保卫苏维埃政府。红独十营中共"；"苏联是世界革命的大本营"；"白军士兵不要打红军，去打日本法西斯"；"乘风破浪跃进再跃进"；"白军士兵是工农出身，不要替军阀杀工农"等，是革命先辈留给我们的宝贵的红色教育资源与财富，对我们具有很大的教育意义，使刘氏房

图1 刘氏房祠整体图

图2 悬山屋顶

图3 悬山屋顶

祠成为革命摇篮中一道独特的红色景观。

刘氏房祠位于下七乡上七村东北方，坐东北朝西南，土木结构，抬梁式木构架，由14根木柱和夯土墙体承重（图1），屋面为悬山屋顶（图2、3）。10根木柱沿天井纵深方向依次排开，错落有致，柱子直径在20～35厘米范围内，另4根木柱横向排列在天井外，直径在20～28厘米范围内。

图4为刘氏房祠平面图，红框中为木柱所在位置分布图，将其放大进行编号，如图5所示。

二 木结构破坏原理与无损检测技术

木材细胞壁是植物细胞所特有的一种结构，人们在建筑中主要就是利用了木材的细胞壁。木材的主要化学成分是纤维素、半纤维素和木质素，主要组成元素是碳、氢、氧、氮，这些物质成为木腐菌及害虫生活所需的营养物质，所以木材会发生腐朽及虫害。而对于木结构建筑，腐朽及虫蛀的发生，会降低木结构的力学强度，影响木结构的使用性能，因此对木结构进行腐朽虫蛀勘察十分必要。

目前，我国多采用定性的目视鉴别与简单敲击的方法，这种操作方式虽然简便易行，但准确性往往取决于人工经验，缺乏定量数据。无损检测是利用材料的不同物理力学或化学性质，在不破坏被检测对象内部和外观结构及使用性能的前提下，对目标物体相关特性进行有效的测试与检验。我国历史建筑木结构勘查领域应用无损检测技术的研究起步较晚，随着木材无损检测技术的研

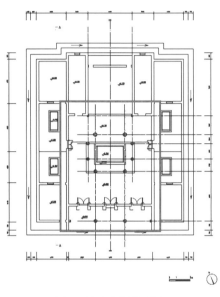

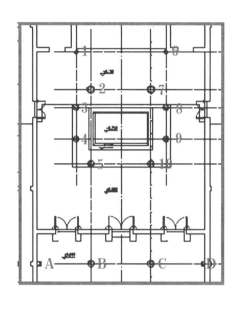

图4　刘氏房祠平面图　　　　　　　　　　　　　图5　木柱编号示意图

究和发展，包括应力波检测、微钻阻力仪检测等无损检测技术已逐渐应用于历史建筑木结构的检测和评估。这些无损检测方法克服了传统检测方法的弊端，能够通过具体数据直观评价古建筑木构件的内部缺陷状况。德国Frink Rinn使用阻力仪检测在干燥状态下的不同树种木材，判断木材内部腐朽状况。2004年，中国林科院木材工业研究所首次在故宫等大型古建筑维修勘查中使用木材阻力仪对木构件材质状况进行勘测。目前已经完成了故宫立柱包镶状况的检测以及恭王府、郑王府等历史建筑中木构件材质状况的勘测工作。

　　首先，我们对刘氏房祠进行环境温湿度、不同高度的木柱含水率进行记录，对木柱表面的开裂、变黑、发霉、糟朽、风化、虫蛀等现象进行人工检测观察，并进行相关记录。在此基础上，应用现代无损检测设备木材钻入阻力仪IML-RESI PD400对木柱内部腐朽、空洞等情况进行勘察检测（图6）。

　　IML-RESI PD400是由德国IML公司设计研发的一款利用微型钻针在电动机驱动下，以恒

图6　无损检测木材钻入阻力仪现场测试

定速率钻入木材内部产生的相对阻力，阻力的大小反映出密度的变化，通过微机系统采集钻针在木材中产生的阻力参数并计算后显示出阻力曲线图像，根据显示的阻力曲线，结合木材学知识，使用者可判断出木材内部腐朽、裂缝、虫蛀危害等具体状况。木材阻抗测定仪IML-RESI PD400由电子控制单元、接头套筒把手、电池等构成。设备有两个直流电机，一个保证钻针以一定的转速旋转，另一个驱动保证其匀速前进。钻针由针尖和针杆组成，针尖的大小比针杆大，使微型钻针钻入木材的阻力不会因针杆在木材中旋转产生摩擦而增加；微型钻针用特殊的金属材料制成，不会因小幅度弯曲或者遇到较硬的材质发生折断。阻力仪内部为密封装置，防止尘土和水的进入，避免造成检测误差，并装有电子过载保护装置，可防止钻针遇到高阻力时受到损伤。

阻力仪检测结果显示，阻力值高低与被测木材的树种、含水率、密度、年轮等多种因素有关，如当钻针垂直于年轮钻入时，因早晚木材密度不同，阻力也不同，阻力曲线就有明显的波动。在判断被测木材内部情况时，要对各种因素进行综合考虑，包括髓心、压缩木、树种、心边材、含水率、解剖特征、腐朽以及虫害等。有些木构件内部存在较大空洞，准确判断空洞位置及大小有助于衡量该构件的继续承载能力。在勘测时，首先根据木材的树种的硬度选择微钻阻力仪的速度，并测量记录测试点的距地高度以及含水率等数据，然后将接头套筒压紧被测木

柱，按下开始键进行测量，测量过程中要确保接头套筒一直处于压紧状态并根据曲线情况随时调整钻入位置和角度。根据探针进入木材内部勘测的实际情况，生成与探针进入深度同步的阻力曲线，同时记录所得相关数据，依曲线的概况决定下一针的进针方向，确保勘测获得的数据准确、科学。根据阻力曲线显示木构件的不同腐朽程度决定针的进入方向和进针次数。木质状况较好，进针次数少；木质腐朽较为严重者，进针方向和次数均依据现场实际情况有不同程度的增加。在勘测同时，必须实时对获得的原始曲线进行记录并备注曲线值中出现的异常值。一般阻力仪穿过空洞时，阻力值非常小，曲线几乎没有波动。需要特别注意的是，钻针穿过空洞时，其针尖甩动幅度较大，使得其进入另一侧木材时，钻针往往不能按原有直线行进，会产生小幅度的偏移，但结果一般不影响判断。

三　木柱勘察结果

1.现场宏观勘察

研究团队于2013年10月14日对保留的木柱进行现场勘察，气象条件为：温度25.7℃，相对空气湿度为70.1%。现场观察结果显示，9号木柱表面圆孔数量明显多于其他木柱，且表面有一层白色薄膜，根据当地习俗以及薄膜特征推测为当地百姓粘贴春联所用的糨糊。糨糊是用面粉或淀粉加水熬制而成，因此容易引来昆虫，形成虫孔层。其他现场宏观勘察结果见表1。

136

表1 现场宏观勘察结果

		天井周围木柱宏观勘察总结记录	
编号	表面宏观观察	现场照片	
1	表面有圆孔，呈椭圆或不规则状，数量较多		
2	表面有竹楔，为拼接柱		
3	表面出现裂缝，表层剥落；部分裂缝宽1厘米；右侧裂缝明显多于左侧		
4	底部变黑，有些出现绿色苔藓		

续表

天井外木柱宏观勘察总结记录		
1	存在裂缝，表面风化严重	
2	底部南面存在宽5厘米侵蚀	

2.无损检测微钻阻力仪检测结果

我们使用了钻入阻力仪IML RESI PD400对木柱的内部情况进行了勘察，结果如下：

编号为2、5、7、8、9、B、C的木柱存在腐朽，其中2、8、9、B、C木柱比较严重。大部分存在腐朽的高度范围在距柱础0～10厘米范围内，个别如2号柱距柱础20厘米范围仍存在腐朽、空洞；8、9、B木柱存在多处腐朽、空洞。这是因为天井有聚水排水作用，使得环境含水率高，造成木柱长期处于潮湿环境中。而距离柱础较近的木柱，离地面较近木材含水率较高，木材潮湿，从外观观察可以看出木柱底部一般会存在绿色苔藓；天井东边木柱（编号为7、8、9的木柱）内部存在腐朽空洞的病害程度高于天井西边木柱（编号2、5的木柱），因为天井东边木柱接收到的阳光直射较少，长期处于阴暗环境，木材内部更加潮湿。阻力仪检测结

果如图7所示，其中横坐标标红处标明存在腐朽及空洞。

四 结论与讨论

在刘氏房祠中，天井周围的木柱由于环境含水率较高，出现了根部变黑发霉的现象，天井外的木柱出现表面风化，个别根部被严重侵蚀的现象；经过木材钻入阻力仪检测发现，14根木柱中7根内部出现不同程度的腐朽空洞，编号分别为2、5、7、8、9、B、C。从位置上看，位于天井内东面的木柱由于光照较少，腐朽空洞更为严重。木柱的腐朽空洞几乎都存在于距离柱础10厘米范围内，仅2号柱距柱础10～20厘米范围仍存在腐朽空洞，这是因为木柱距离地面较近，吸收水分更多，含水率更高导致腐朽空洞的发生。通过对比木材钻入阻力曲线的强度变化

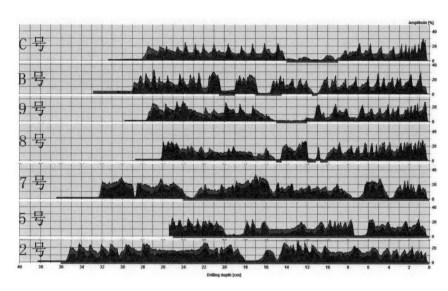

图7　阻力曲线图

值，可以帮助我们了解木柱内部某一直径方向的腐朽空洞情况，但是对于判断腐朽空洞的大小、形状、具体位置，需要对木柱在不同位置不同方向进行检测。对于存在较大空洞的木柱，钻入阻力仪在穿过空洞时会偏离原来直线方向，产生小的偏移，但是不影响最后的判断结果。在分析木材阻力曲线时，当阻力值变得非常小时，我们认为此处出现了腐朽空洞，但是怎样将曲线量化为表示木材的强度的具体数值，将成为我们今后的研究方向。

参考文献：

［一］ 颜清阳：《井冈山革命根据地红色标语宣传及其历史作用》，《中国井冈山干部学院学报》2011 年第 3 期，第 52 ～ 57 页。

［二］ 唐雅欣：《江西井冈山红色历史建筑抢救性保护对策研究——以下七乡刘氏房祠为例》，戴仕炳、莱默：《历史建筑适应性保护再生技术国际研讨会论文集》，2013 年，第 102 ～ 109 页。

［三］ 于子均、王莺、李华、张双保：《我国古建筑木结构材质勘查技术现状与进展》，《木材加工机械》2007 年第 2 期，第 45 ～ 47 页。

［四］ 刘一星、赵广杰：《木质资源材料学》，中国林业出版社，2004 年版，第 91 ～ 92 页。

［五］ 张晓芳、李华、刘秀英、张双保、黄荣凤：《木材阻力仪检测技术的应用》，《木

材工业》2007年第21期，第41～43页。

[六] 杨金玮、陈晓峰、刘玖莉：《古建筑木结构
病虫害防治初探》，《思路之路》2009年第

18期，第81～86页。

[七] 宋绍代、于江：《木材无损检测技术探讨》，
《城市建设理论研究》2012年第7期。

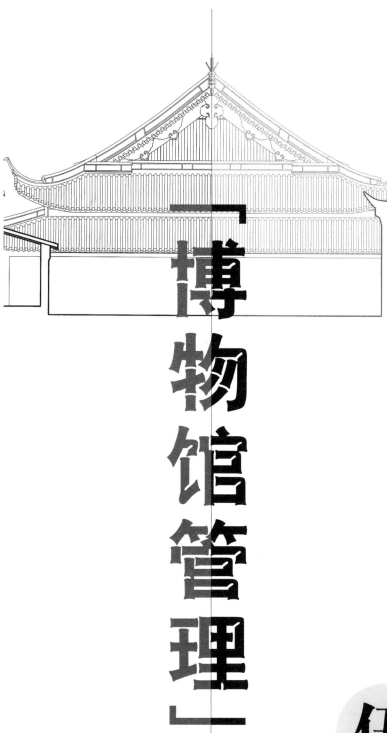

「博物馆管理」

伍

【浅谈行业博物馆可持续发展的创新思维】

徐学敏 · 宁波市保国寺古建筑博物馆

摘　要：行业博物馆是博物馆中的特殊类型，是在"博物馆"这个大概念前面加上了"行业"这个定语。当前行业博物馆存在的普遍问题是政府支持不足、运行经费短缺、专业基础薄弱、社会认同不够。为解决上述问题需树立可持续发展的理念，即以人为本的理念、社会共建的理念、多元功能的理念；顺应国际发展的趋势，高科技化、市场化、区域化。进行探索性尝试理事会制度、连锁经营模式、多元化教育传播渠道。总之，行业博物馆的可持续发展，既需要政府的正确引导、科学合理的规划、社会各界的支持，也需要结合自身实际。通过思维创新、管理创新来寻找出路，通过社会教育价值的实现来推动进一步发展。

关键词：行业博物馆　可持续发展　创新思维

行业博物馆是博物馆中的特殊类型，是在"博物馆"这个大概念前面加上了"行业"这个定语。"行业"简单来说就是对各种职业类别的区分，结合国家文物局划分的统计习惯，本文为我国的行业博物馆下这样的定义：是指集中展示社会建设某个行业（包括经济和非经济）的发展历史和文化的非文物系统的国有博物馆。它以本行业相关的物质和非物质遗存为收藏、研究、展示对象，通过行业文化的保护和教育传播，实现服务行业、服务公众、服务社会的目的。行业类博物馆的办馆主体主要是行业主管部门、行业协会或行业内具有代表性的国有企业，如农业博物馆隶属农业部、地质博物馆隶属国土资源部、航空博物馆隶属空军装备部，又如上海烟草博物馆、中国民族乐器陈列馆则由国企主办。行业博物馆可以是全国性的，也可以是区域性的，如中国铁道博物馆和上海铁路博物馆，又如中国水利博物馆和黄河博物馆。

行业博物馆是各行业兴盛发展、行业文化逐步形成过程中的产物，通常行业管理部门或行业内的大型国企是行业博物馆的建设方、出资者，自然也是行业博物馆建成后的上级主管部门。因此，尽管行业博物馆的建立需要到文物管理部门登记备案，按照《文物保护法》的有关规定，文物部门对文物

143

保护工作实施监督管理，但实际上文物部门很少参与行业博物馆的管理，指导行业博物馆的营运发展。一方面，在行业内，行业博物馆是一个与业务无关的文化部门，扮演的是锦上添花的角色；另一方面，由于行业博物馆的特殊身份，并未被真正纳入到文物行政管理体系。行业博物馆身处行业与文博系统交叉的边缘地带，长期处于"两难管"的尴尬境地，为其生存和发展带来了诸多问题。

一　当前行业博物馆存在的普遍问题

1. 政府支持不足

国内博物馆的建设浪潮中，政府部门的规划和推动起了举足轻重的作用。但对行业博物馆这个新成员来说，政府的关注和支持显然不够。行业博物馆的建设没有政府支持，主要依靠行业资金和社会力量，而且建成后管理体制不顺、隶属关系不明等问题，成为制约行业博物馆发展的重要因素。

2. 运行经费短缺

行业博物馆建设初期往往受到行业主管部门的大力支持，也得到行业企事业单位财和物的广泛支援，但建成后的运行经费是一项长期开支，缺少稳定的保障体系已成为行业博物馆后续发展的严重阻碍。行业博物馆作为主管部门的一个下属机构，资金的来源主要依靠主管部门的划拨，经费的多少受到领导重视程度、行业发展情况的影响，有时甚至因为行业部门撤销或者企业亏损，导致资金链断裂。博物馆要发展，需要紧跟时代步伐，更新改造基本展陈，引进、举办有影响的展览，开展社会服务，而行业博物馆主办单位的拨款往往只够维持日常开支和人员工资。国内博物馆陆续向社会免费开放后，行业博物馆又不在文物部门的专项资金补贴范围之内。巧妇难为无米之炊，经费不足使许多行业博物馆的运行受到了极大限制，功效也无法充分体现，于是更陷入无人问津的恶性循坏，有的已面临关门的困境。

3. 专业基础薄弱

历史文化类或综合性博物馆通常是因为拥有了一定量的文物而办馆的，有的还是直接在遗址上建馆的。而行业博物馆是在萌生了建馆的意识后，再开展文物搜集和抢救工作的，但由于先前的收藏意识不足，很多历史见证物已经流失，例如水利行业20世纪50年代堤工用的独轮推土车现在就难以找寻。同时，由于体制原因，行业博物馆所需展品也得不到文物系统的补给，因此行业博物馆的文物支援存在先天不足。行业博物馆工作人员之前大多是从事本行业业务工作的，行业内部子弟和部队专业人员也占了很大的比重。从业者中非博物馆专业人员多于专业人员，从业者缺乏博物馆管理和专业方面的基础知识，使得博物馆场地建设、布展策划留下不少缺憾，也使文物征集、科学研究等专业工作开展不力。另一方面，专业氛围不浓、业务贡献与待遇不挂钩等因素又导致很难吸引和留住博物馆人才。人员结构不合理和专业人才不足，给行业博物馆带来了许多管理不规范的问题，诸如库房环境、安保设施不符合规范、藏品账目不清、档案不明，收藏、研究、展示、参观等规章制度不健全。博物馆管理是一项多样性系统工程，缺乏专业力量必然会影响行业博物馆的健康发展。

4.社会认同不够

很多行业博物馆建馆时的目的主要是为了树立行业形象，对博物馆的社会公共职能的认识不够，主管部门对行业博物馆的业务没有硬性考核要求，因此从主观上来说，行业博物馆缺乏融入社会、服务社会的积极性。行业博物馆很少在各类媒体上开展自我宣传，也少有与文化、教育、宣传等部门合作开展各类活动，甚至有的行业博物馆并未完全向社会公众开放，仅提供行业内部参观或者团队预约参观，这都造成了行业博物馆的社会知名度低、影响力弱的现状。另外，行业博物馆的规模偏小，有的地理位置较远，以及建馆之后普遍存在停滞不前的情况，硬件设施、展示内容、服务水平跟不上时代发展和观众需求的前进步伐，这都是公众对其关注度和参与度不高的客观原因。

二 树立可持续发展的理念

1.以人为本的理念

面对激烈竞争的局面，行业博物馆首先要改变自我封闭的观念，从自我服务切实转向为社会服务、为民众服务。行业博物馆的陈列展览切忌堆砌或做成"衙门"展览、"形象政绩"展览，必须从贴近实际、贴近生活、贴近群众出发，找准观众的兴趣点，将专业性与趣味性、欣赏性融合起来，用藏品诠释与其相关的社会关联、文化内涵，让展览既体现历史又服务当代，并对未来有所展望和思考。应认识到博物馆教育不同于学校教育，目的不在"教"而在帮助观众"学"，观众不希望一味地接受灌输式的教育，行业博物馆要在如何增加展陈的互动性、如何开展丰富的社教活动上动脑筋、下工夫，帮助观众实现自我完善、身心综合发展的学习目的。同时，行业博物馆也要在具体细节处体现服务意识，比如考虑公交线路、停车等交通便利，考虑咨询、寄存、自助导览、休息场所等参观便利，考虑残疾人、老人、婴幼儿等特殊人群需要等。另一方面，馆内工作人员是整合博物馆资源、实现博物馆效益的关键要素，行业博物馆用人必须转变现存的"关系户"、"只进不出"、"因人设岗"等现象，建立公开公正的选人、用人制度和开放、动态的人员流动制度，做到合理引进和使用人才，重视员工教育和培养，以高素质的人才队伍支撑行业博物馆发展。

2.社会共建的理念

我国国有博物馆的收入来源非常单一，基本依靠拨款，缺乏自主筹集资金、动员社会力量共建博物馆的理念和行为。然而财政投入终究是有限的，无法完全满足博物馆的发展需要。在国外，无论是何种性质的博物馆，社会资助都是博物馆的重要财源。

行业博物馆资金投入历来捉襟见肘，绝大多数仅能维持基本开销和人员工资，因此行业博物馆必须转变思路，积极主动地争取社会力量加入到博物馆建设中来。在社会捐助方面，由于经济水平、社会观念、政策引导的发展程度所限，我国的社会捐赠意识和氛围与西方发达国家还有很大差距，但博物馆更应认识到提升展览水平、提高服务质量、体现公共价值，才是获得社会认同和社会支持的首要前提。同时还要建立相应的捐赠激励机制，例如在捐赠展品上做明确标注、捐赠人优先参加博物馆特殊活动的权利、用博物馆平台为捐赠企业宣传等。

3.多元功能的理念

行业博物馆立足于本行业，但对自身的功能定位绝不能仅仅局限于宣传行业、服务行业，只有面向社会开拓多层次、多元化的功能，才能在日益繁荣的文化市场中找到立足之地。面对不同的需求，行业博物馆的综合功能可以向五个方面延伸：其一，自然是为本行业的科学研究服务，除了博物馆资金的研究任务外，应该以各种方式为馆外研究者服务，诸如提供藏品、资料和研究成果，或在某些研究项目中进行合作。其二，为学生的校外教育服务，成为配合学校教育的"第二课堂"。其三，行业博物馆专业性强，有丰富的实物教学资料，应该为成人终生教育、回归教育服务。其四，为市民的休闲娱乐提供服务。其五，与旅游部门、旅游企业合作，提供文化旅游服务。文物博物馆事业与旅游事业的关系是极为密切的。旅游是实现文化效益与经济效益共赢的良好契合点，对行业博物馆来说更应重视。如1997年南通纺织博物馆就联合苏州青年旅行社、苏州博物馆以及南通蓝印花布艺术馆开通了一条专门接待瑞典观众的旅游专线。

三 顺应国际发展的趋势

1.高科技化

20世纪七八十年代以来，以加拿大安大略博物馆、美国旧金山探索宫和法国巴黎发现宫为代表的动态陈列，是博物馆展陈设计与现代高新科技相结合的新成果，是博物馆展示方法的创新与发展。观众通过视觉、听觉、触觉等感官参与到动态陈列中来，实现了与展品的互动，大大拓宽了信息传递的通道。随着高新科技的发展，声、光、电等现代科技手段被越来越广泛地运用于博物馆展示中，行业博物馆在展览设计中也要灵活应用这些技术，做到动静结合，增强生动性和直观性，同时也是弥补实物不足的一条新途径。

2.市场化

博物馆处于市场经济化大环境中，就不得不有市场化管理的眼光。2001年国际博物馆协会大会的主题是"管理变革：博物馆面临着经济与社会挑战"，大会提出博物馆在保持公益性文化单位性质的同时，还要肩负商业经营者的角色，即通过开展适度经营并将所获收益用于发展博物馆事业，并不影响其非营利机构的性质。

博物馆的市场创收一般有四个渠道：首先是举办各类临展、特展的门票收入。二是对讲解、文物鉴定等服务和一些体验项目收取一定门票。三是通过博物馆场地、文物出借或者是房产、汽车出租等方式进行创收。四是开发销售纪念品、复制品等文化产品以及书籍。

除了以上渠道，行业博物馆还可以利用自身的专业优势，为企业提供专业培训、科技成果转让等延伸服务。与企业合作，以文化展览带动产品销售也是目前行业博物馆采用较多的一种方式。

相应地，在行业博物馆内部机构设置上，可以考虑在博物馆业务部门之外设立专门的市场经营管理部门。同时要引入市场竞争理念来革新收入分配制度，建立绩效评价体系，逐步由吃"大锅饭"转向重实绩、重贡献的分配激励机制。

3.区域化

联合国教科文组织认为："博物馆应成为其所在地区的知识中心和文化中心。"博物馆以其所在区域为核心实现服务社会的职能，加强与本区域的合作和协调发展是博物馆的立足点。国际上，社区博物馆的概念由来已久，也是博物馆区域化理论在实践中不断深化的结果。作为区域教育事业的重要组成部分，博物馆最主要应发挥其在青少年素质教育中的作用。

行业博物馆在区域教育方面也应当做积极的探索，开展广泛的馆校合作实践。烟草博物馆与复旦大学文物及博物馆系进行共建的做法值得借鉴，为学生切实参与博物馆藏品管理、展示策划、社区文化建筑设等实际工作提供看了机会。

四 进行探索性尝试

1.探索理事会制度

改革现有的法人治理结构，设置理事会是我国博物馆建立事业法人制度首先必须进行的尝试，因其符合博物馆发展的自身规律，又符合市场经济的客观要求。目前，许多省市的文化系统已在开展理事会制度试点工作，行业博物馆可以借鉴我国国有企业普遍设立理事会的改革经验，主动顺应时代形式，大胆尝试理事会管理模式，这有助于扩大公众的参与度，有助于博物馆决策的民主化和科学化。

2.探索连锁经营模式

在应对外部竞争压力的战略上，许多企业选择了连锁经营、规模发展的模式，以此扩大市场，形成品牌效应。这个理念也被博物馆界采用。如1988年开始，时任古根海姆博物馆馆长托马斯·克伦斯发起了古根海姆全球连锁式博物馆营运模式，现在全球已建了五大分馆，西班牙毕尔巴鄂分馆最为成功，并给这座城市带来了复兴。现在国内一些博物馆也开始尝试连锁经营这种方式，如浙江省安吉生态博物馆也将整个县域范围内最具特色的人文、生态资源纳入展示范围，采用"一个中心馆、十二卫星馆、多个展示点"的框架结构，不再局限于一个馆、一座建筑。行业博物馆也应在如何做大做强文化品牌上开展探索，最基本的可以与其他博物馆建立合作共享机制，共同策划举办大型特展或有影响力的社会活动，也可以与区域内的其他博物馆或经典串联成游览专线，抱团发展。在具备一定物质和市场基础时。可以考虑开办新馆，或是跨区域开设分馆，如中国印刷博物馆在上海设有分馆，这是一种全新的大文化遗产保护方式和大博物馆建设理念，也是规模效应在文化事业上的有益尝试。

3.探索多元化教育传播渠道

首先，行业博物馆应将青少年素质教育作为重点，加强同教育部门的联系，一起组织活动，成为学生校外教育的第二课堂和实践基地。

其次，充分利用网络宣传途径。在今天的互联网时代，博物馆日常工作应该充分利用网络资源，注重创新方式，加强自身的经营与宣传，树立自身形象。

最后，开发文化产品。一方面，可以与出版社合作，出版发行科普读物、文物图册、挂历、书籍刊物；另一方面，可以自主设计、开发各种蕴含博物馆元素和文化品位的纪念品。这些文化产品不仅具有延伸学习、艺术收藏的意义，使行业博物馆的教育和宣传在时间和空间上得以有效地延展，还可以帮助博物馆创收，实现社会效益和经济效益的有机统一。

五 结 语

与综合性博物馆相比，行业博物馆作为某一行业或某一领域文物、标本的主要收藏、宣传、教育和科学研究机构，以其独有的专业优势，通过对各个行业历史与现实的展现，全面展示了地方文化多样性，反映了我国经济生活的各个方面。

行业博物馆的可持续发展，既需要政府的正确引导，科学合理的规划，社会各界的支持，也需要结合自身实际，通过思维创新、管理创新来寻找出路，通过社会教育价值的实现来推动进一步发展。

参考文献

[一] 苏东海：《文博与旅游关系的演进及发展对策》，《中国博物馆》2004年第4期。

[二] 2012年度河北省社会科学基金项目"欧洲文化产业对河北省发展文化产业的启示"阶段性成果，《英国：博物馆资源与文化产业》，《经济研究参考》2013年第11期。

【浅析博物馆藏品档案管理】

徐微明·宁波市保国寺古建筑博物馆

摘　要：博物馆馆藏文物是国家文化遗产的重要组成部分，为文物藏品建立科学的藏品档案在博物馆管理和事业发展中具有现实意义和长远影响。结合工作实际，在分析博物馆藏品建档的必要性和藏品档案特点、发挥藏品档案作用的基础上，提出开展藏品建档工作的具体做法以及对藏品档案管理的初浅认识。

关键词：博物馆　藏品档案　管理

博物馆是社会文明的标志之一，是人类文明记忆、传承、创新的重要阵地，是大众启迪智慧、陶冶情操、欣赏艺术、文化休闲的理想场所，是普及科学文化知识，提升公民素质，提高社会文明程度的重要平台。从某种角度上说，了解一个国家的过去和现在是从博物馆开始的，博物馆作为文化资源管理这个大范畴中的一部分能否立足于社会，成为社会进步的标志，这不仅取决于它能否充分向世人宣传和展出它的收藏品，还取决于它能否研究、保护和管理好这些收藏品，藏品档案对加强博物馆学术研究、宣传教育、科学管理等占有重要位置。

一　藏品建档必要性

博物馆作为一个以文物标本为基础的收藏、研究、陈列、传播的科学研究和社会教育机构，保护和管理文物藏品是博物馆的基础工作，藏品的建档与管理是博物馆工作中不可忽视的重要一环，科学的藏品档案在博物馆自身建设中有着举足轻重的作用，因而为文物藏品建立档案具有现实意义和长远意义。

1. 履行国家政策之规定。博物馆的馆藏文物是国家文化遗产的重要组成部分，随着博物馆事业的迅速发展，藏品档案的地位和作用也显得越来越为重要，我国政府部门历来非常重视博物馆藏品建档管理工作，1986年

149

伍·博物馆管理

文化部印发的《博物馆管理办法》就明确指出，博物馆必须建立藏品档案；随后国家文物局在1991年出台了《藏品档案填写说明》再次肯定了藏品档案的性质，"藏品档案是反映藏品全部情况的记录材料"并对藏品档案的填写作了具体的规范要求；2009年国家文物局再次出台了《文物藏品档案规范》，对归档范围、立卷和装帖要求等内容作了规范，此规范虽针对一级文物藏品建档，但对其他等级文物藏品建档具有参照意义。因此，博物馆建立好藏品档案既是我国文物保护法所明确规定的，也是博物馆履行工作之职责。

2. 文物保护基础工作之需要。从文物藏品的自身而言，它是历史的见证物，它经历了时间长河的冲刷，具有不可替代性和不可再生性，是博物馆开展各项业务活动的基础，俗话说得好，巧妇难为无米之炊，如果设想一座博物馆对自己的馆藏文物心中无数，就更不用说其展览的质量以及科研了，那么为馆藏文物建立档案，根据藏品自身所固有的属性，按照一定的原则，对藏品编排类目，分别收藏和保管，做到心中有数，家底清楚，便可以为博物馆业务工作的开展及科学研究提供依据，因而为文物藏品建立档案是做好博物馆文物保护的基础工作。

二　藏品档案特点

博物馆藏品档案是围绕着藏品而建立的，是对藏品原始材料进行全面系统的鉴定研究后经过整理而确立的，是藏品在征集、鉴定、登记、管理、保护、研究、使用等一系列活动中的真实记录，从而揭示出藏品的历史、科学、艺术价值，它记录了藏品的全部情况，它是藏品研究成果的具体体现，也是藏品科学管理和其他有关学科进行研究的重要依据。

1. 藏品本身就是历史的文书档案。档案形成的历史是久远的，从有文字记载开始，如：甲骨文、青铜器上的铭文、石刻、竹简、撰写在丝织品上的帛书……不同质地的藏品上留下的文字，均记载着各个历史时刻的政治、经济、社会生活等各方面的情况。自汉代发明纸张至今，信札、手稿、拓片等等就成了文字的载体，因此，这些藏品本身就是档案。甲骨档案、金石档案、锦帛档案、简册档案保存在档案馆中是最珍贵的档案资料，收藏在博物馆中则是珍贵的文物藏品，所以他们兼有藏品和藏品档案双重性的特点，这些原始的档案是历史上留下的真实记录，他们真实、可靠，为研究我国古代的历史提供了宝贵的资料。

2. 藏品档案由藏品实物转化而来。藏品是人类活动中遗留下来的物品，形态各异、质地不同，是思想文化的物化载体，藏品档案正是利用文字的形式将前人留下的遗物转化为书面材料形成藏品档案（也有个别藏品档案由文献转化而来）。这种档案与文件转化的档案相比，内容更加广泛丰富，而且藏品档案是建立在科学研究的基础上，并借助一定的技术手段考查和揭示出藏品外部特征与内在价值，因而更具学术性。

3. 藏品档案具有永久的保存价值。藏品

档案不仅有使用价值，而且具有永久的保存价值。藏品档案与其他档案不同，如人事或重要科技档案具有高度的机密性，只能由组织上掌握和供有关部门使用，还有一些文书档案，经过一定的时期便会失去价值，这些档案的价值仅仅指他们的实用性，而藏品档案则不同。由于藏品是国家宝贵的文化财产，是人类社会的文化遗存和精神财富，所以藏品档案作为妥善保存藏品工作的重要部分要伴随藏品永久的保存下去，它的本身也是一种财富，因此藏品档案不仅具有为专业研究人员提供数据、资料的实用性，还具有永久性的特点。

4. 藏品档案的形成是逐渐积累而成的。每一件文物的形成都伴随着档案材料的问世，档案材料的初步形成是从文物产生之时直至被博物馆收藏，在这样一个漫长的过程中积累的丰富的档案材料被称为入藏前的档案材料。入藏后，在博物馆各项活动中又形成了大量的档案材料，把不同时期、不同质地、不同地点分散形成的档案材料总和起来，由简到繁，逐步增加建立档案，为保持其连贯性，而且还必须将建档后的材料，陆续地加以补充和完善。其中，追补记载也是藏品档案不断完善的手段。一个完整的藏品档案宗卷，从藏品入藏开始收集资料，贯穿于藏品管理的始终。

三　藏品档案作用

藏品档案能够全面地、系统地、准确地反映出藏品的全貌和内涵。藏品建档一方面是为了便于藏品管理和使用，更重要的是通过建档这一基础工作，为一、二、三级文物藏品建立藏品档案，也是加强藏品宣传教育和科学研究，更好地发挥藏品的作用。

1. 藏品档案为陈列展览服务。陈列展览是博物馆向公众传播科学知识和历史文化遗产的主要途径，在实际工作中，为保护文物藏品以防对文物的损害，一般不轻易动用藏品，因而查阅藏品档案材料是常用手段，从众多的藏品中，选出适合主题陈列展览内容需要的展品，了解藏品的使用价值，对提高陈列展览的科学性和艺术性起到有效的提升，对发挥博物馆爱国主义教育基地和弘扬中华传统文化意义重大。

2. 藏品档案为科学研究提供信息。档案的价值在于利用，系统完整的藏品档案为社会各领域研究社会科学、自然科学或为编写地方史、地方志、编著教材等提供第一手资料，将档案信息资源传递于社会，满足他们的研究所需，有效发挥藏品档案的最大利用价值。

3.藏品档案的凭证作用。藏品档案的属性在于它是真实记录，藏品一旦发生意外或损坏，藏品档案可及时提供藏品的全部情况，可以为后期的藏品修复、复制提供可靠的依据，在藏品遇到失窃时也可以为公安部门追缴提供依据起到重要凭证作用。

四　藏品建档工作

藏品档案根据我国文物藏品的特点设置，使藏品内容更为系统、完善，更符合实际运用，同时，藏品档案在长期积累的过程中，记录了藏品的运动轨迹，藏品档案是反映藏品全部情况的记录材料。建立藏品档案的具体做法：

1.填写登记表。博物馆必须对所有的馆藏文物进行清库登记，藏品来源登记的信息资料应尽量详细，移交入馆应填写文物移交清单，附详细的背景资料，清单主要记载这些文物的不可变特征即可。藏品档案登记填写首先要求做到内容准确，资料详明，条例清晰，字迹工整，严格使用规范文字。

2.类别编目。按照藏品自身的等级将藏品档案按类别编目，一般分为历史文物、艺术藏品、自然标本三大类，为了便于管理和检索，每一大类还可细分，比如文物可分为革命文物、历史文物、民族文物、外国文物等类别，藏品档案亦可根据博物馆对藏品的分类进行分类管理。

3.归档立卷材料。应收录入档的材料，

可概括为藏品的历史资料、鉴定记录、研究著录资料、保护措施记录、提供使用记录、形象资料诸多方面，具体分述如下。

（1）藏品的历史资料。指藏品收集时的原始记录，藏品接受清单和入藏凭证是随着接受藏品而来的第一份书面材料，其中来源很重要，应说明发掘、采集、调拨、交换、捐赠、征集、收购等途径。藏品的信息资料收集得越详细，其档案内容编写就越完善，藏品档案的质量也就越高，藏品的使用价值和研究价值就会大大提高。

（2）藏品的现状记录。是指编写档案时，该藏品的情况，它包括尺寸、质地、有否铭记题跋、鉴藏印记、完残程度、修补情况等。描述藏品现状要全面准确，不仅要有文字记录，还应有整体和局部放大照片，以免责任不明，发生纠纷。

（3）藏品的鉴定记录。鉴定工作主要由行政领导、业务人员和专家组成鉴定小组对馆藏文物进行鉴定，馆藏文物分为三级：一级文物是指具有特别重要价值的代表性文物；二级文物是指具有重要价值的文物；三级文物是指具有一定价值的文物。凡属一、二级藏品的文物均为珍贵文物。鉴定记录包括藏品的历次鉴定人、鉴定意见、定级评语和运用现代技术、仪器对藏品进行鉴定的各项检测、分析报告等。

（4）藏品的研究著录资料。对国内外专家学者研究有关藏品所发表的文章、专著、报刊、图录等，应以原文或通过剪辑、复印等方式收集入档。

（5）藏品的保护措施记录。包括藏品

历次进行的检测、修复、装裱和清洁整理等工作记录。

（6）藏品的提供使用记录。即藏品的动态记录，指藏品在各方面发挥作用的记录，藏品的提用情况，陈列、借展、巡展、出版、查阅、临摹、拍照等，藏品在馆内外、国内外的陈列展览、科学研究等一系列活动都应在档案中有所体现，认真记录好每一次藏品的提用情况，才能体现出藏品运动的真实轨迹。

（7）藏品的形象资料。包括藏品照片、音像资料、拓片、器物绘图等。这些材料可使藏品的面貌全面充分表现出来。

4. 案卷分类和编号。每件藏品应自成一个单元，组成一个卷宗，编一个号码。藏品档案分类最好与藏品分类保存一致。

5. 卷内材料排列。卷内材料排列要有条理，形成一个有机整体。排列顺序是档案组卷的内容分成各个类，类中的每份材料再分成小类，这样逐级分类是管理层次清晰有序，每套归档材料都应经过系统的排列，并在每份材料首页的右上角标明号码，使卷内材料保持一定的系统性和完整性。

6. 宗卷目录编制。宗卷目录主要起到档案的登记和索引作用，可以根据不同需要编制多种目录，如综合性目录、分类目录、专题目录。档案的各种目录的编制与藏品编目基本相同，卷内目录应填写一式两份，在档案或档案盒内放置一份，予以固定各种材料在卷内的位置，使材料提取利用后归还原处，便于检查清点，防止遗失。另一份目录，分类装订成册，它能集中反映卷内材料的内容，可以起到档案内容索引的作用，在不提取档案材料的情况下知晓其材料的内容。

五 藏品档案管理

随着博物馆事业的发展，收藏文物数量在不断增加，藏品档案也随之增加，藏品和藏品档案的利用率也将更为频繁，对管理的要求也变得越来越高，只有不断加强完善，并使之系统化、科学化，才能更好地适应博物馆事业不断发展的要求。

1. 整理。藏品档案整理的具体内容大致分为：区分全宗、分类、立卷材料的整理，案卷的装订、案卷封面的填写、案卷的排列和案卷目录的编制，在整理过程中，需根据藏品档案的来源、时间、内容和形式，如实地反映出藏品的历史背景各系统内容。

2. 保管。藏品档案保管是整个档案工作的有机组成部分，在全部藏品档案工作中，维护档案的完整与保证提供利用是其遵循的基本要求。

3. 编制检索工具。要想保证利用工作的顺利开展，就必须在熟悉藏品档案的基础上，通过多种检索工具搞好利用工作，如编制分类卡片、分类目录、全宗目录、专题卡片、专题目录、专题介绍等，通过这些形式从各方面说明博物馆藏品档案的情况，构成一个全面揭示和介绍博物馆藏品档案内容和成分的科学体系，为各项工作广泛利用藏品档案创造更为有利条件。

4. 藏品档案编写。由于藏品含有大量反映历史风貌和时代特征的信息和内涵，建立完善合格的藏品档案，应重视藏品档案填写前的资料收集，藏品入馆后，对藏品的所有情况都要有详细的记录，这是档案编写的基础，可以根据馆藏文物的特点，藏品的级别及人力、物力等条件，有计划、有步骤、分阶段、分层次地进行藏品档案的编写工作。编写过程也是研究记录过程，这就要求编写人员具备丰富的专业知识，交接不同时期文

物内容、背景、特征、功能及用途，填写文字要准确，资料详明精练，字迹要清楚整洁。只有这样，才能更好地使用藏品、保护藏品、研究藏品。

5. 推进藏品档案信息数字化。随着计算机技术的普及应用和网络技术的发展，应将藏品档案建立档案数字化信息库、编制各类机读档案检索工具、制作电子版全宗档案等定为藏品档案管理的工作目标。藏品档案管理作为一项复杂的管理工作，从文物的接收、文物的管理、文物等级、编目、建档等就包含了大量的工作，而电子计算机超强的信息处理能力和储藏功能，为文物保护工作提供了良好的使用意义；通过各类计算机程序编制，将档案的影像信息和检索信息进行组合，实现档案全部信息的浏览与查询，达到通过计算机不但能够看到档案原貌，更能够通过计算机所提供的各类检索途径，方便快捷地查询档案信息，此外，藏品档案信息的计算机管理可以缓解藏品的使用与保管的矛盾，还可通过网络沟通博物馆与社会的联系，加强博物馆的教育和科学研究服务的功能。

参考文献：

［一］李富武、杨巧玲：《博物馆藏品档案的业务话题》，《山西档案》2004年第1期。

［二］《博物馆管理办法》，2005年12月22日文化部部务会议审议通过。

［三］詹静：《博物馆藏品档案与计算机藏品管理系统》，《北方文物》2006年第3期。

［四］刘振陆：《博物馆业务档案刍议》，《博物馆研究》2010年第1期。

［五］吴春璟：《浅谈博物馆的档案管理》，《中国文物报》，2007年2月16日。

［六］吴伟宁：《浅论博物馆档案管理》，《大众文艺》2011年第12期。

【征稿启事】

为了促进东方建筑文化和古建筑博物馆探索与研究，由宁波市文化广电新闻出版局主管，保国寺古建筑博物馆主办，清华大学建筑学院为学术后援，文物出版社出版的《东方建筑遗产》丛书正式启动。

本丛书以东方建筑文化和古建筑博物馆研究为宗旨，依托全国重点文物保护单位保国寺，立足地域，兼顾浙东乃至东方古建筑文化，以多元、比较、跨文化的视角，探究东方建筑遗产精粹。其中涉及建筑文化、建筑哲学、建筑美学、建筑伦理学、古建筑营造法式与技术；建筑遗产保护利用的理论与实践；东方建筑对外交流与传播，同时兼顾古建筑专题博物馆的建设与发展等。

本丛书每年出版一卷，每卷约 20 万字。每卷拟设以下栏目：遗产论坛，建筑文化，保国寺研究，建筑美学，佛教建筑，历史村镇，中外建筑，奇构巧筑。

现面向全国征稿：

1. 稿件要求观点明确，论证科学严谨、条理清晰，论据可靠、数字准确并应为能公开发表的数据。文章行文力求鲜明简练，篇幅以 6000—8000 字为宜。如配有与稿件内容密切相关的图片资料尤佳，但图片应符合出版精度需要。引用文献资料需在文中标明，相关资料务求翔实可靠引文准确无误，注释一律采用连续编号的文尾注，项目完备、准确。

2. 来稿应包含题目、作者（姓名、所在单位、职务、邮编、联系电话），摘要、正文、注释等内容。

3. 主办者有权压缩或删改拟用稿件，作者如不同意请在来稿时注明。如该稿件已在别处发表或投稿，也请注明。稿件一经录用，稿酬从优，出版后即付稿费。稿件寄出 3 个月内未见回复，作者可自作处理。稿件不退还，敬请作者自留底稿。

4. 稿件正文（题目、注释例外）请以小四号宋体字 A4 纸打印，并请附带光盘。来稿请寄：宁波江北区洪塘街道保国寺古建筑博物馆，邮政编码：315033。也可发电子邮件：dfjzyc@163.com。请在信封上或电邮中注明"投稿"字样。

5. 来稿请附详细的作者信息，如工作单位、职称、电话、电子信箱、通讯地址及邮政编码等，以便及时取得联系。